母乳餵哺教室
Mama College

張嘉兒 著

推薦序 1

我們每一位也非常幸運能成為母親，享受這份天職！至於餵哺母乳就是我們最有挑戰性，但同時最有滿足感的一部分！

能夠為寶寶提供營養，而每次見到他們吃得飽飽，睡得甜甜的樣子，我相信任何眼瞓、任何疲累也是值得的！

非常欣賞嘉兒能堅持餵哺第 1 個小寶寶超過 1 年時間，還記得寶寶初出生時，我去探望並陪伴着嘉兒餵奶的一刻！

嘉兒訪問了身邊超過 350 位母親，了解在母乳餵哺時的常見問題，每一位母親的分享也是無價的！

希望你們也好好享受這個奇妙的旅程！

朱凱婷

我是兩個小朋友的媽媽。兩個小孩我也有餵母乳，兩次我也患了乳腺炎。

第一次無經驗，初時感覺到痛楚和胸部硬起來，乳頭也有刺痛的感覺，去看醫生才知道是乳腺發炎，需要食抗生素。因怕會停奶所以起初沒有食藥，直至發燒和忽冷忽熱（3個小時燒到107度，幾個小時又可以發冷），越痛壓力就越大，最終都是要食抗生素。但食完不會完全停奶，但會即時減少奶量。一星期後，我的乳腺炎都差不多康復九成了，我就採取有母乳就盡量給寶寶，沒有的時候就用奶粉。後來都以「半人奶半奶粉」方式餵哺，維持多一個月。

第二個囝囝一樣，我餵了大概一個月後患了乳腺炎。因為有了上一次的經驗，我採取輕鬆的態度，照樣食藥，有人奶就照餵人奶，覺得不夠的時候就補少少奶粉。

其實當我患乳腺炎時，感覺真是很辛苦，很容易情緒低落。幸好一直有屋企人的支持。我在這裏希望所有餵母乳的媽媽遇到相同情況時不要給太大壓力自己，不需要即時放棄，但是可以抱住「餵得幾多得幾多」的正面心態。隨着自己的身體狀況和心情去做吧。

祝各位媽媽身體健康！

Janet Tse

To all Kayi readers:

As a mother of two and a friend of Kayi, I am so happy to hear her writing a book about breastfeeding. I have heard some misconceptions about this topic and would like to share my breastfeeding experience with you.

Yes, the first time was hard. REALLY HARD!

On the first few days, it felt sensitive, a bit uncomfortable, like a gentle tugging sensation that eventually transitioned to feeling some pain and soreness. I also felt empowered, capable, happy and a sense of relief that my baby could be kind of latch. We were off to a good start.

After the 5th day, my milk came in and it felt really engorged. That is when the pain days kicked in, the sweats, the tears, and

oh yes, the pumping that made it hurt even more. I could literally feel the entire physical process from when milk came, to milk released, to my uterus shrinking. It was definitely not a fun experience but I knew I had to do what was best for my baby.

After around a month, breastfeeding became easier and the bonding we had was priceless. I love the feeling of being needed and the feeling of being able to provide. Nutrition and physical touch is so important to a baby's development. I breastfed my daughter until 1 year old and I am aiming to breastfeed my son until 1 year old as well.

I wish all mothers the best of luck and perseverence in breastfeeding. It's not easy at the beginning but as long as you choose to keep going and never give up , it will get better. I promise! And of course the benefits of breastfeeding for the mother and child is countless. I am a strong believer in breastfeeding, it's the most natural thing to do. Trust in yourself, trust in Mother Nature! It never goes wrong.

lovelovelove

-L-

鍾嘉欣

認識我的朋友都知道我很喜歡吃辣，可以說是「無辣不歡」！我越吃辣，我的皮膚就越滑。但我怕寶寶沒有遺傳這樣的基因，所以餵哺母乳期間不適合寶寶的食物和飲料我都戒掉了！

我有三個小孩，他們都是母乳餵哺的。

我未當媽媽時，以為餵母乳是母親與生俱來的能力，但原來母乳餵哺是一門學問。我跟其他媽媽一樣經歷過乳腺堵塞，甚至是乳腺發炎，還痛到發燒！這真的是考驗媽媽的毅力。每天都會問自己：「餵到 BB 多大就停⋯⋯」。

但看着寶寶每天吸收着我提供最天然的營養而變得健康、肥肥白白，辛苦都值得了！

跟寶寶這樣親密的接觸是無可代替的難忘經歷。

曹敏莉

懷孕 ♥ 踏入人生的另一階段真的很感恩 ☺ 作為準媽媽的心情真是既興奮又緊張,尤其見住個肚一日比一日大,準備做媽媽的心情更是期待!

而我這個新手準媽媽成日都會有好多問題,最開心就是身邊很多朋友都已為人母,可以向她們取經,而嘉兒當然就是我的首要傾訴對象啦!每當我有甚麼問題,或是心情困惑的時候,她總是能第一時間耐心地為我解答,除了因為她有經驗之外,因為我認識中的嘉兒就是一個正能量、樂天的人,她很注重天然、健康,加上她又是讀公共衞生營養學,所以我對她特別信任。

我想每個媽媽都應該有想過餵母乳,這方面我知道她也是很盡力的,希望帶這份禮物給她的女兒,她的堅持和經驗,也實在給了我不少建議和鼓勵,當然每個人的體質不同,只要大家量力而為就好!

而除了餵食這方面,嘉兒的教養和教學方法也令我感受到那種既不失傳統,又融合新世代的教養方法,遇上問題不慌不忙、努力地搜尋適合她和女兒的解決方法,由少女轉變成母親的角色,我認為嘉兒實在是值得我學習的一位朋友。

所以當我知道嘉兒會出版這本書的時候,作為她的好朋友我自己也很期待,也希望每一位媽媽都能從她的書本當中吸收到適合自己的知識和方法啦!

張美妮

雖然我還沒有當母親的經歷,但身邊有好多好友都是好媽媽,所以常常都會聽到她們分享照顧小孩子的點滴。但對「母乳」這兩個字可以說是陌生的。說真話,我是有一點害怕。聽說小朋友不知道應該用甚麼力度咬住妳的乳頭,然後他們會生牙齒。我想到這個情況就已經覺得好痛,應該同行刑沒有分別。

身邊的朋友會說,她們覺得自己好像一隻牛,不停的給孩子牛奶。乳房也會變得很大,腫起來,碰一碰都會好痛。也聽過,乳腺會受感染而發炎,要做手術。沒有母乳的時候也會覺得好沮喪。生理和心理都會有很多變化。真的好恐怖。那為甚麼她們還要給孩子母乳呢?

當年我媽媽生了我們三姐弟都沒有給我們母乳,那我們三個是不是還好嗎?說真的,現在的我還不明白。可能當我做了母親之後,我的母愛真的會很氾濫,所以只要對小朋友好的,小朋友可以成長得健健康康,我都會做,甚麼痛都可以忍受,甚麼都不會再怕。這就是我對嘉兒的感覺。她是一個「Super Mom」,為了小孩子甚麼都可以做,還會有時間寫書。

這本書應該可以給我好好學習,還有解決我對於給小朋友母乳的恐懼。在這裏恭喜嘉兒可以將她的勇敢經歷和一些新手媽媽、還有沒有當媽媽的我們分享。因為看到嘉兒這個漂亮、開心的媽媽,我們就會知道有小朋友是可以帶給你們那麼多歡樂的。

希望有一天,我也可以跟她一樣做一個「Super Mom」!

Congratulations Pretty Kayi MaMa!

戚黛黛

Dear Kayi and all the mothers,

Firstly congratulations to Kayi on accomplishing this mission. I believe it must be a long, challenging yet meaning full process to complete her first book on mothership. Kayi has the strength, patience and persistence that is much needed as a mother, and I believe her two years breastfeeding experience has proven these characters.

As a mother and breastfeeder myself, the advise I would give is, "Breastfeeding is only one of the ways you show your child your love as a mother, but the road is long, so do not be hard on yourself because I am sure every mother has sacrificed in their own different ways, love yourself as much as your baby. Only a happy mother can give a happy life to baby. Support always!"

With Love,
Sandy Lau
劉倩婷

當初因為懷孕而收看嘉兒的 Mama College。我也是全母乳媽媽。第二次懷孕兩個月後，即大女 20 個月時，靠着一塊膠布和她戒夜奶。怎料她一夜間便不再要求喝奶了。現在二女剛出生，又可以再一次踏上母乳之路了。一直堅持餵哺母乳，能和小寶貝有着如此貼身的親密關係，相信是母乳媽媽的獨有專利。但當中的辛酸，應該也只有母乳媽媽才懂，所以我十分支持嘉兒有關母乳課題的項目呢！

Mama College 除了讓我學到了育兒知識外，還讓我認識到她的畫家朋友 Bella Cheung。嘉兒早前分享了一幅由她為 Leora 畫的畫後，我便決定找她畫一本有關捐血和血幹細胞的故事書。無心插柳下，最後嘉兒一家還成為故事中重要的角色。我們仁並為紅十字會合辦了名為「親子愛『識』捐血日」的活動，希望將愛心小種子栽種在小孩子心中。

和嘉兒可以是算是志同道合：她常常很用心去製作一些育兒的影片，而我則利用育兒題材製作 playdate，所以我們很快便很投契。繼而一起再舉辦了不同的親子活動，還一起上堂學習不同的育兒課題。我們舉辦的「親子愛牙遊戲日」是透過兒歌、故事和牙醫作口腔檢查等環節，讓家長從子女嬰幼兒時期開始多關注他們的口腔健康。而「共融 playdate」則為了打破社會對自閉症的誤解。我們請來行為治療顧問（ABA）和各家庭一起進行親子活動，讓孩子們學習友愛共處，締造和諧關係。

很開心能和嘉兒成為朋友。偶爾我們還會一起分享湊女經。因為我們無論管教、餵奶的方式以及兩個小朋友的年紀都很接近，所以更是投契。期待她小生命的來臨，再繼續交流育 B 心得，以及再攜手舉辦有意義的活動。

Msmama Bellala - Yelly Chui

徐雅莉

關於我及母乳餵哺的經驗

作為一個新手媽媽一點也不容易。有人説過這是世界上最艱辛的工作，因為沒有一本全面的手冊，儘管醫院現時大力推廣母乳餵哺，但卻很少投放資源去支援母乳餵哺的媽媽。

當懷有寶寶之前，看見身邊朋友在公眾地方優雅及愉快地為她們的寶寶餵哺母乳，我從來沒想過這是一件如此具挑戰性的事。我以為所有寶寶都懂得含乳及吸吮母乳，好像一加一那麼簡單的事。但原來我錯了，結果其實是如 $y=2xn+x3-n+13$；n 般複雜的。

我為大女 Leora 餵哺母乳的第 1 個月，遇過很多問題。起初她對含乳感到困難，有時我把乳房遞到她臉前，她甚至嚎哭起來，有幾次我也跟着

Leora 一同哭，心中感到十分無奈及絕望。還有她患有黃疸病，我擔心她沒有吃得飽。

使情況更壞的是，我的乳房時常脹得滿滿。當奶水流速過快時，我會把 Leora 嗆到；當我沒有恆常地泵足奶時，奶水便會流出把衣衫都弄濕了。第一個星期餵哺母乳的經歷，比起在醫院的整個生產過程來得更加艱辛。

可幸的事，我有一個十分支持自己堅持餵哺母乳的家庭，我們全家人都朝着同一個目標而站在同一陣線，這是極為重要的。我的媽媽、丈夫和我一同上陣，他們從來沒有向我說過要停止餵哺母乳的說話，或建議我改用嬰兒配方奶粉來代替。他們知道我不會放棄，我們一同努力，就是要為寶寶提供最好的。

還記得，在我餵哺母乳的第 1 個月，每晚分別在 1 時、3 時、5 時及 7 時為 Leora 餵哺母乳的時候，媽媽都會為我熬夜，她為 Leora 換尿布及打嗝，讓我可以爭取多點休息的時間，來專注我最重要的任務。沒有她，我大概會感到脆弱及孤獨，尤其是那些夜晚餵哺的日子。

除了得到媽媽實際的支持之外，丈夫亦為我上網搜集許多資料，例如寶寶不能含乳的原因、母乳餵哺的姿勢，以及為我找來幾位哺乳顧問以防不時之需。他還購買乳墊、哺乳枕頭、腳踏及護理推車，讓我在母乳餵哺的過程中帶來更多的方便和舒適，感恩地每一樣東西對我都很有幫助，我也漸漸放鬆起來。Leora 亦慢慢開始懂得如何含吮乳房，到第 3 及第 4 周，我開始掌握一切，甚至越來越享受餵哺母乳的過程。

對於嬰兒學習母乳餵哺，我想就像小孩學習如何踏單車一樣，這個學習過程需要耐性，團隊合作精神及不斷重複。我把乳房提到 Leora 面前及協助她含乳，給她很多機會去練習吸吮。當我看見她有飢餓的提示時，我就把她按到胸前，她每天就嘗試含乳起碼 10 次。

與此同時，我亦嘗試理解及觀察為何 Leora 有時會含乳困難，例如她比較喜歡吸吮我右邊的乳頭，因為右邊的乳頭比左邊的更為突出。我又發現奶水擠出的速度沒有讓她嗆到，只有不佳的含乳姿勢才能讓她嗆到。事實上，整個餵哺母乳的過程沒有指定的說明書，透過不斷的嘗試及不放棄才能完成目標。Leora 和我一同學習就像一個團隊，一起練習直到完美為止。

回想起餵哺母乳的經驗，我掙扎過及捱過許多個焦躁不安的晚上，但這都是值得的。我相信母乳餵哺對寶寶是最好的。當我懷孕時，原本的計劃只是餵哺母乳大概 3 個月，最終餵哺母乳直到寶寶 2 歲為止。我感到非常驕傲，因為可以為她提供最佳的營養、抗體、益生菌及酵素，這些對 Leora 的健康發展，包括內臟及免疫系統都帶來最佳的效果。當我餵哺時，更深深感受到與 Leora 的關係十分親近。同樣地，當她依躺在我的胸部，她會感到滿滿的安全感及舒適。這個極度珍貴的連繫時刻，沒有人可以奪走，沒有言詞足以傳神地描述 Leora 在我懷中哺育可得到的美妙感覺。

在這篇文章的開始，我提過作為媽媽是世界上最艱辛的工作。而母乳餵哺的複雜性就像 y=2xn+x3-n+13；n。但是當經歷過那些母乳餵哺，以及與女兒相處的快樂時光之後，我相信作為母親是世界上最有收穫的工作。還有，母乳餵哺不是一條數學方程式，而是化學反應，一種強而有力地獲得愛及耐性的反應，我十分感恩！

最後要特別多謝有份參與問卷調查的 367 位媽媽，因為沒有你們根本就不會有這本書的出現。

亦都要多謝我家姐 Annie 常常無條件地幫我照顧兩個女兒，在我懷孕時亦都時常陪伴着我，為我打點一切。

還有要多謝我丈夫 Nathan，他協助我訪問超過 350 位媽媽，令我可以達成出版這本書的夢想。

張嘉兒

5 個最普遍的母乳餵哺問題

母乳餵哺一直以來都是最自然的事，獲得世界衞生組織的推介及得到科學的驗證，這是對寶寶最好的。

建立一個良好的哺乳慣常程序是你所需要的正確心態。正確的心態及決心建基於了解母乳餵哺的好處及認知。你與家人一定要一起商討及訂立母乳餵哺的目標。丈夫及家人扮演着相當重要的角色來支援你，從而令你不會過度疲倦，並獲得足夠睡眠。

不要對母乳餵哺感到恐懼，有些媽媽覺得她們寧願生育多一次也不願意去餵哺母乳。母乳餵哺並不是一件如此可怕的事，如果你有正確的心態、支援及知識，就會有勇氣及力量去掌握。

不要擔心，這本書會幫助及指導你朝着這個方向着手。在撰寫這本書之前，我進行了一個有質量的問卷調查，訪問了 367 位母乳餵哺的媽媽。她們分享了以下 5 個最普遍的母乳餵哺問題：
1. 母乳量少
2. 乳房疼痛及受感染
3. 含乳困難
4. 缺乏家庭支援
5. 產假後復職的過渡期

其實只需要小小的計劃及指導，就可以克服以上 5 個問題。這本書的每個章節都會把這些挫折一一拆解，從而讓你對餵哺母乳有足夠的準備，以及有能力繼續往前行。你亦可以諮詢哺乳專家作進一步的指導。只要一直保持鬥志高昂，勇往直前，便可成為有自信的媽媽。

不要忘記，你永遠都是一位偉大的母親，亦會用盡全力去餵哺你的寶寶。在了解母乳餵哺的好處後，相信你將會成為一個更快樂的媽媽。

祝一切順利！

目錄

Chapter 1

如何確定有足夠的母乳？　/19

如何確定有足夠的母乳？

母乳餵哺是一種技巧

對初生嬰兒而言，母乳毋容置疑是最好的營養來源。對新手媽媽來説，感到焦慮及困惑是十分合理的。母乳餵哺是一種技巧，如果能耐心練習及給予自己有足夠的空間及時間，將會成為專家。當寶寶躺在你的胸膛時，他就會親近你及觸摸你的乳房，你的乳頭就自然會豎直，從而容易使寶寶含吮，一旦準備後，寶寶就會依附在你的乳房及開始吸吮。

生產後頭兩天，如果母乳量不足，不要擔心。踏入第三天，乳房就會脹滿些，奶水亦開始充足。

以下是一些可刺激母乳製造的方法：
· 在生產後第一個星期盡量盡情及大量地休息及放鬆。
· 頻密地餵哺寶寶，大概每 2 至 3 個小時一次。如果寶寶並不肚餓，可把奶水擠出。
· 越多餵哺或擠出母乳，就越容易刺激身體增加母乳補給的反應。
· 用溫暖的毛巾包裹乳房來保暖，或溫柔地按摩乳房來增加母乳的供給。

母乳何時開始製造？

在懷孕期 16 至 22 週，因為荷爾蒙關係，你的身體已開始製造母乳；生產後，另一種荷爾蒙就負責提供母乳到乳房。

初乳

在生產後，最先由乳房流出的奶水就是初乳。

- 初乳分別有黃色、金色，或是奶油色，但亦可以是白色。
- 初乳質地比較濃及奶白色，但亦可以是濃度較稀的。
- 初乳含有極豐富的抗生素劑（對抗感染），可以讓寶寶保持健康及遠離病菌。
- 初乳亦含有一些瀉藥功能，可以幫助遠離黃疸病。

初乳有黃色、金色、奶油色，或是白色。

過渡期母乳

當生產後的第 2 至第 5 天，乳房就
會製造初乳。之後乳房就會開始補給
更多的母乳，這時期的母乳混合初
乳，名為「過渡期母乳」。乳房在這
階段會感到很不舒適，有規律地餵哺
母乳能有助減輕這種不適感。

成熟期母乳

當寶寶兩星期大，成熟期的母乳就形
成，這時期的母乳濃度較稀，因為當中
含有不少水分。成熟期的母乳含有豐富
維他命、碳水化合物及脂肪，這些都對
寶寶的成長及能量非常重要。

我「斷咗片」的第一次餵人奶經歷

我記得女兒一出生我就立即向醫生要求做「肌膚接觸」，希望可以有助子宮收縮及加快上奶。老實説，對於這個如此重要、特別時刻，我的印象很模糊，好像有少許「斷咗片」的感覺。我經常都很想可以回想當時的感覺，重塑當時的畫面；可是腦海中彷彿缺失了那一段的記憶和畫面。我覺得很可惜，亦不知那刻是痛還是不痛。當時的感覺只是很開心能順利誕下女兒，好像鬆了一口氣。

我住了 4 天私家醫院。還記得每隔 3、4 個小時就有護士説 BB 肚餓要我餵人奶。幸好，她們有教我怎樣去抱 BB 和怎樣引她來吸啜我的乳頭，否則我真是無從入手。

不過，生產 BB 之後繼續堅持餵人奶，不用奶粉其實是一件很疲倦的事。記得有一晚，我餵完奶回睡房的時候，感到有少許休克。大家一定要不能放棄，加油！

既然餵人奶是這樣的勞累和辛苦，為何我仍然要堅持到底呢？原因很簡單。抱着女兒，望着她在我身上吸取營養，提取溫暖，那份感覺真是難以形容。我覺得非常滿足，充滿愛！和小生命保持着緊密的聯繫，一切的辛苦都是值得的。

在醫院那幾天，每次我埋身餵女兒的時候，都看不到她啜到任何奶出來。不過，護士說，那只是我看不到，其實 BB 已經飲下少量的初乳，那是容量少但營養價值卻超高的黃金人奶。我相信護士的講法，所以從沒有擔心過自己的母乳是否不足夠的問題。

更重要的是，我知道自己要讓女兒吸啜多些，才能製造越多的人奶。所以不時勉勵自己，不可以懶惰，一定要定時給女兒啜啜。結果是，慢慢看到有一滴一滴的奶水從乳頭流出來。我上奶和奶量都足夠，真是超級感恩！

希望各位準媽媽都會和我一樣享受餵人奶的過程！別忘了，要對自己有信心，一定做得到的！

你期望製造多少母乳？

在寶寶出生的第 1 天，媽媽的身體就可以製造大約 1 安士（30 毫升）的母乳。到了第 40 天，製造量就會增加至大約 30 安士（900 毫升）。初生寶寶只有細小的胃部，他不需要那麼多奶水，在頭幾天，初乳已提供足夠的營養給寶寶。還有寶寶在出世前，已經從媽媽身體獲得和保存鐵質及乙酸膽鹼，這些都有助維持寶寶的營養需要。

下圖反映着寶寶胃部的大小，以及所需母乳的分量：

初生寶寶胃部有多大？

車厘子	核桃	杏桃	雞蛋
第一日	第二日	一星期	一個月
5-7 毫升 1-1.4 茶匙	22-27 毫升 0.75-1 安士	45-60 毫升 1.5-2 安士	80-150 毫升 2.5-5 安士

初生寶寶胃部最多可容多少母乳？

第一日	第三日	一星期	一個月
5-7 毫升 / 2 茶匙	22-27 毫升 / 0.75-1 安士	45-60 毫升 / 1.5-2 安士	80-150 毫升 / 2.5-5 安士

如何得知寶寶獲得足夠的母乳？

當生產後第一個星期，媽媽可以留意以下特徵，去檢測寶寶是否獲得足夠的母乳。

· 每天有 6 至 8 條濕尿布，每條都有清澈的尿液。

· 每天餵食 8 至 12 次。

· 有強勁的哭聲。

· 有濕潤的嘴巴。

· 通常每兩天便有黃色骯髒的排便。

如何維持健康的母乳供應？

以下方法可以增加母乳製造量：

透過肌膚接觸的刺激

把只穿着尿布的寶寶，躺在媽媽的胸部，這就叫「肌膚接觸」，或是「袋鼠護理法」，袋鼠護理法在刺激母乳製造上，扮演着很重要的角色。當寶寶出世後，立即把他放到媽媽的腹部上，寶寶就會本能地爬向乳房，接着便會⋯⋯

- 開始張開嘴巴；
- 舔他的手指；
- 觸摸媽媽的乳頭。

在這種刺激下，將有助你的母乳供應量。媽媽與寶寶之間，有越多的肌膚接觸，就會帶來越多的好處，包括：

- 令寶寶冷靜下來；
- 改善寶寶的睡眠質素；
- 穩定寶寶的體溫、心跳、血糖及呼吸率；
- 增強寶寶腦部發展。

袋鼠護理法亦會給媽媽帶來好處，它會幫助媽媽從產後的緊張情緒及早康復過來。不要忘記在寶寶的背部蓋上毛毯，讓他保持溫暖，把他的臉放在一邊，避免阻礙他的呼吸。

一起同眠

一起同眠也可以是母乳餵哺的一部分，媽媽與寶寶同睡在一間房間，好處多多：

- 有助維持母乳供應，令晚間的母乳餵哺來得更容易。
- 媽媽可以得到更多的睡眠時間。
- 當寶寶騷鬧時，媽媽可以很快安慰他，令他再度入眠。
- 同睡在同一間房間，可減少嬰兒猝死症的機率達 50%。

按需要自然餵哺

哭鬧是寶寶的餵哺提示

經常聽到許多媽媽問：每天要母乳餵哺寶
寶多少次？這是沒有固定答案的問題。根
據世界衛生組織的建議，母乳餵哺是按自然
需要的，意思是指無論日間或夜晚，不同時
間都需要餵哺母乳給寶寶。按需要餵哺母乳又
稱為「按提示餵哺母乳」或「寶寶主導進食」，
意即按照寶寶的要求而開始餵哺，以及無間斷地餵哺直至他感到足夠為
止。製造母乳與頻密的哺乳有着密切的關係，因此寶寶越多吸吮母乳，
效果就會越好。

媽媽要懂得識別寶寶需要餵哺的提示，以下 3 個心得值得留意：
· 舔嘴唇、嘴巴開合、吸吮舌頭、手或附近的衣衫，這是最早期的肚餓
  提示。
· 接着的肚餓提示是，無論是誰抱着寶寶，他的呼吸都是急速，以及緊
  緊依附在對方的胸部。
· 哭鬧是肚餓的最後提示。

如果媽媽可以按照寶寶的提示去餵哺，製造母乳與寶寶的需要便會達成
供求一致。此外，餵哺提示還有兩大好處，分別是刺激母乳的供應，以
及幫助新生嬰兒恢復出生時的體重。

餵哺寶寶後，媽媽可能仍有過多的母乳，解決方法是把過多的母乳擠出
來，而擠出來的母乳還可以維持母乳的供應，所以盡可能經常擠出過多
的母乳，並把母乳完全排出乳房，這正好給身體傳遞信號，及刺激母乳
的製造。因此按需要餵哺及餵哺後泵出乳水，是維持健康母乳供應的黃
金貼士。

食物及營養素如何有助增加母乳製造？

有時媽媽會經歷母乳供應量少，這可能因為：
· 正在月經期中。
· 正在用荷爾蒙避孕方法。
· 正在壓力之中。

一些自然療法可能對上述情況有幫助，否則如果媽媽得到醫生的建議，採用藥物處方亦是一個選擇。儘管你沒有母乳量少的問題，食物及營養素亦可維持健康的母乳供應。

自然療法

選擇溫暖的熱敷及頻密的餵哺。草本藥物也廣泛被接受，及長久以來用作增加母乳供應的最佳自然療法。刺激乳腺分泌的食物及富含催乳劑的食物都可增加母乳製造。

據稱草藥可增加母乳的供應，同時對媽媽及寶寶都是安全的。有助你的草藥及食物：

苜蓿芽 含有豐富的維他命、礦物質及抗氧化劑（具抗衰老功效），它亦含有高纖維、大量蛋白質及低脂的草藥。苜蓿芽更具有抗真菌及刺激素的特性，適宜在母乳餵哺的食療中加上。

31

胡蘆巴

是最常用作護理茶中的成分，煮沸幾片胡蘆巴葉或半茶匙的胡蘆巴籽，便可泡製熱飲。胡蘆巴的口感苦澀及氣味芳香，只適宜中等分量。服用胡蘆巴之後，如果發現汗水、母乳及寶寶的尿液氣味猶如楓糖漿，放心，那都是正常的。

藥蜀葵根

與胡蘆巴混合使用，對增加母乳餵哺有極佳的效果。單用藥蜀葵根是不足夠的療法，但是它可以增加胡蘆巴刺激乳腺的作用。

聖薊

是一種無毒性的草藥，通常與胡蘆巴混合使用。它常見於市面上專門售賣餵哺母乳媽媽的補充劑中。

紅花苜蓿

含有非常豐富的營養素，它帶有刺激素性質。你可以把紅花苜蓿與其他草藥混合熬煮服用，或購買紅花苜蓿膠囊。

33

可以增加母乳供應的食物

可以把某些食物加入母乳餵哺食療中，從而達到增加母乳供應的好處。這些食物包括：

麥片 是非常健康的食物，它有益健康之餘，亦能維持健康的母乳供應。

青木瓜 在沙律加入未熟的木瓜，能使你獲得有益健康的精華。

大麥 能幫助保持水分及增加母乳分泌。

大蒜 被認為是其中一種能增加母乳製造的最佳食物，它含有豐富的化合物有助分泌乳汁。

小茴香 可促進母乳的供應，加入少許小茴香在脫脂奶中享用。

蒔蘿葉 乃高纖植物，含豐富維他命 K。蒔蘿葉被認為可以促進母乳的供應，亦有助補充產後的失血。

菠菜及甜菜葉 可以加強鐵質、鈣及葉酸。在飲食中添加菠菜有助維持健康的鐵質水平，從而調節母乳供應。

紅蘿蔔 是很好的催乳劑，飲一杯紅蘿蔔汁，或把少許紅蘿蔔蓉及糖加入暖暖的牛奶中，令它更加美味。

黑芝麻 具有豐富的鈣質，能增加母乳供應。

糙米 可增加母乳的製造，它亦可維持你的能量水平。

葫蘆瓜 你或者不喜歡葫蘆瓜的味道，但不能忽視它對健康的好處。葫蘆瓜含有極多的水分，可以讓身體保持充足的水分。它對增加母乳量有幫助。謹記要確保用新鮮的葫蘆瓜，擱置太久的葫蘆瓜會帶有苦味。

羅勒葉 含有豐富的抗氧化劑。晚上把幾片羅勒葉放進保暖杯中，加入滾水，翌日早上喝，便可帶來鬆弛神經的效果。羅勒葉亦被認為可以增加母乳的供應。

油脂 對哺育中的媽媽十分重要，因為脂肪可以促進維他命及礦物質的吸收。建議選擇橄欖油或牛油果油的健康油脂。此外，魚類是最佳的奧米加 3 脂肪及蛋白質的來源，但是由於海水污染問題，魚類積聚水銀，而水銀對你及寶寶的健康都有損害，所以嘗試食用少量的魚，這才能避免吃進水銀。

番薯 不單是最佳的碳水化合物來源，更是鉀的重要來源。番薯富含維他命 C、維他命 B 雜及維他命 C 雜。它有助於對抗疲勞及維持健康的母乳供應。

罌粟子 可以紓緩焦慮，具有鬆弛神經的作用。加入少許罌粟子在沙律中，這對哺育中的媽媽可以得到放鬆及減壓，從而維持健康的母乳供應。

牛奶 含有豐富蛋白質，每日飲用 2 至 3 杯牛奶，可以幫助母乳供應。

杏仁 是一種很健康的果仁，它含有奧米加 3 及維他命 E，兩種都可以幫助增加母乳的製造。

鷹嘴豆 含有豐富蛋白質，它可以促進母乳的供應。它同時含有豐富的維他命 B 雜及纖維。

你應該避免的食物

餵哺母乳的媽媽，均衡飲食最為重要，除非媽媽或寶寶對某些食物過敏，一般來説無須戒口。若懷疑寶寶對你進食的食物有過敏反應，應諮詢醫生意見。

咖啡因 哺乳的媽媽需限制飲用含咖啡因的飲料，如咖啡、濃茶或某些汽水等。或考慮飲用沒有咖啡因的咖啡或奶茶，以減少寶寶因中樞神經系統受咖啡因刺激而難於入睡。

酒精 影響健康且有礙判斷，哺乳期間喝酒亦可能會減少乳汁製造和影響寶寶發育，所以建議媽媽不要飲用含酒精的飲品。

寒涼食物 中醫師認為冷性的蔬果類多少都會影響奶量，想發奶的媽媽最好避免以下退奶食物：生麥芽、韭菜、大白菜、通菜、人蔘、雪梨、菠蘿、菊花茶、薏仁湯、竹筍、四神湯、西瓜、薄荷茶、小黃瓜。

37

高油脂食物 會提高塞奶的機率。當母乳中的脂肪酸凝結成凝乳塊時，就會造成乳腺阻塞，所以高油脂，煎炸東西一定要少吃。

花膠 雖然素有補身功效，但因為膠質較重吃太多會令母乳變黏稠，故此較難「出奶」，故中醫建議餵哺母乳的婦女不宜多吃。至於苦瓜和蟹，因屬於寒涼食物，剛生產完的婦女身體較為虛弱，不宜進食。

文化傳統及哺乳行為的關係

全世界對媽媽的哺乳飲食有不少的錯誤觀念。這或許在你的飲食中帶來一些不必要的限制。同樣地，很多文化會規定食用某類的食物。

· 葫蘆巴在北美、印度及部分的中東地區都會使用。

· 韓國人建議新手媽媽應該食用海草湯，這會增加維他命及礦物質，例如鈣、鐵質、碘、維他命 B 及奧米加 3。

· 日本人認為燕麥及糙米（糯米糰）可刺激母乳分泌。

· 菲律賓人相信辣木葉是自然的催乳劑。

但是，在科學證明下，若果寶寶在子宮時已適應媽媽的飲食喜好，媽媽一般可以吃任何自己喜歡的東西。

個人分享

我坐月期間食甚麼有助「谷奶」？

我記得，坐月期間我的食量並沒有明顯的大增，但是就是超級的口渴。所以我想給大家一個建議，就是一定要飲許多許多的湯水、炒米水或者代茶。其實口渴都很合理的，試想想，你的身體製造了這麼多人奶出來以提供給 BB，缺水都是理所當然。至於為何要飲湯水，尤其是魚湯，就是因為可以補充水分之餘，還可以吸取到魚的營養，特別是奧米加油。

雖然我的食量沒有大增，但是朝早六點我都可以食到一碗紅棗雞飯。我想若不是我生產了，早餐是不能食到這麼多的。不過不少老人家都講過，這一餐飯名為「五更飯」，對坐月子媽媽是很重要的。

五更飯是廣東一種傳統被認為有補中益氣，驅風寒，健脾胃的功效。我自己就最喜歡食紅棗雞飯，但是大家亦可以一試章魚田雞飯、炒薑飯、排骨飯等等的食療。

處理母乳量低的醫療方法

有時，透過自然療法未必能解決母乳量少的問題。在此情況下，你不需要擔心，因為透過醫生建議的藥物，可以解決這些問題。

甲氧氯普胺

· 這藥在美國使用。
· 它主要的副作用是引致嚴重的抑鬱。
· 有抑鬱症病史的媽媽，宜避免服用此藥。
· 當停用甲氧氯普胺後，就會停止抑鬱症。

癒吐寧

· 這藥在加拿大及世界其他國家均普遍使用。
· 癒吐寧相比起甲氧氯普胺的副作用較低。
· 它列入哺乳風險類別 L1 中，證明它是可以安全地服用。

斯而比來特

· 斯而比來特在很多國家，包括津巴布韋、南非及智利，都可以使用。
· 它早期用作對付精神分裂症，因為它是一種精神抑制藥及抗抑鬱藥。
· 但是它亦可以增加血清中的泌乳刺激素水平及促進母乳的製造。

以下圖表可以有助了解安全的用藥處方，來增加母乳的分泌。

藥品	哺乳風險類別
多潘立酮（嗎丁啉）	哺乳風險 L1（最安全）
甲氧氯普胺（美托拉麥）	哺乳風險 L2（比較安全）
斯而比來特（脫蒙治，舒必利）	哺乳風險 L3（中等安全）

資料來源：《藥物和母乳》由湯瑪士 · 黑爾博士 編寫（2017 年版）

產前的維他命嗎？哺乳期間應繼續服用

繼續服用產前的維他命是確保媽媽和寶寶都能夠得到充足營養素的最好方法。單靠食物本身去攝取所有的營養比較難，諮詢過醫生後，不妨繼續服用產前的維他命。

產前維他命與一般複合維他命的區別：
產前營養補充劑含有媽媽需要的適量營養素，它們特別針對哺育中的媽媽，所以配方可幫助避免任何營養不足，包括葉酸、鈣質、維他命D、鐵質、鋅。

除了產前維他命，亦可考慮以下一些補充劑：
· 營養師建議健康的脂肪酸，如奧米加3對寶寶的健康很是需要的。
· 它們在食物中可以找到少量，例如魚類、奇亞籽、亞麻籽等。
· 魚類是奧米加3的最佳來源，但不能服食過量，因為它可能存有水銀的風險。
· 可諮詢醫生意見，助你選擇奧米加3的補充劑。

要避免去做引致母乳量減少供應的事

以配方奶粉、果汁及水補充

- 你的母乳供應建基於你對寶寶有多少的餵哺。媽媽越少餵哺寶寶，母乳製造就會越少；寶寶吸吮越多母乳，媽媽身體就會製造越多的奶水。
- 在母乳餵哺期間，使用配方奶粉，表示哺育的時間減少。這樣便會帶來負面反應的循環，你的身體會減少製造母乳。
- 母乳（至少在首6個月）是寶寶最佳及最全面的食物。

偏愛用瓶子

- 使用瓶子去餵哺寶寶，可能會減少你的母乳量供應。
- 瓶子和乳房的奶頭大有不同，如偏愛用瓶子，寶寶之後可能會不正確地含乳。
- 使寶寶經歷「乳頭混淆」。
- 不正當地吸吮乳房，可引致母乳流量減少。

奶嘴

- 與瓶子的情況相同，奶嘴可能令寶寶不正確地含乳。
- 母乳餵哺的時間會減少。
- 要小心使用奶嘴，早期是不建議採用，直至固定的母乳供應建立為止。

乳頭罩

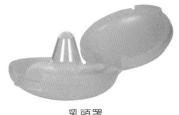

乳頭罩

- 要得到哺乳專家的許可才可使用乳頭罩。
- 乳頭罩可以引致母乳供應下降，所以要小心使用。
- 乳頭罩可減少母乳的傳遞，寶寶可能因此而得不到足夠的母乳。

預先安排餵哺

- 堅持嚴謹的餵哺時間表，可能妨礙自然的母乳供應及母乳製造的供求循環。
- 最重要是跟隨寶寶的提示，及當寶寶肚餓時給予餵哺。
- 晚間斷奶可引致母乳量供應減少。
- 媽媽在晚間沒有得到充足睡眠是正常的，嘗試在日間或晚上任何時間爭取睡眠時間。

減短餵食時間

- 減短餵食時間意即在寶寶還沒完成進食，餵哺已經停止。
- 這會妨礙供求的循環。
- 母乳的脂肪含量會隨着餵哺時間逐漸增加。含有更多脂肪的後期母乳，可幫助寶寶增加體重及得到良好的健康發展。

其他引致母乳量低的原因

黃疸病

· 黃疸病令膚色變黃是正常的，父母不用擔心，媽媽更不應恐慌。

· 通常寶寶患有黃疸病，仍然建議可繼續以母乳餵哺。

· 越多的母乳餵哺就會增加越多的母乳供應，寶寶保持營養及維持水分有助於對抗黃疸病。

· 當寶寶患有黃疸病，不要改用配方奶粉，反而要諮詢醫生，因為不同的個案均有不同的處理方法。

黐脷筋

· 黐脷筋的寶寶不能舒展舌頭，可能會引致不能輕易餵食母乳。

· 媽媽應該帶寶寶去醫院檢查黐脷筋的問題。

· 應該及早處理黐脷筋的問題，不要拖延。

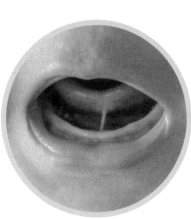

黐脷筋

45

健康問題

有時母乳供應量減少與媽媽的健康情況有莫大關係，以下問題會引致母乳量減少：

- 多囊性卵巢綜合症
- 甲狀腺機能低下症
- 糖尿病
- 高血壓
- 荷爾蒙分泌問題

適當的治療可解決問題，否則在這情況下採用配方奶粉，也是一個最佳選擇。

荷爾蒙避孕方法或其他藥物治療

一些媽媽在服用避孕藥之後會發覺她們的母乳供應沒有改變，但亦有一些媽媽經歷母乳量減少的問題。在這情況之下，媽媽應該停止服用藥物及諮詢醫生意見，採取另一些治療選擇。

吸煙

若果你是新手媽媽及希望以母乳餵哺寶寶，就不應該吸煙。因為：

- 吸煙的女性會傾向有母乳量少的問題。
- 每日吸食 10 支香煙會改變母乳的成分。
- 吸煙的媽媽通常較少有動力去以母乳餵哺寶寶。
- 寶寶通常會得到絞痛的問題。

個人分享

我個女都有黃疸病

雖然明明知道黃疸病是非常常見的，但是記得當醫生告訴我，女兒有輕微黃疸的時候，我都忍不住落淚。醫生說，因為女兒小便不多，所以提醒我更要多些餵人奶。醫護人員亦問我是否需要補奶粉，讓 BB 可以吸取多些液體，有助小便。後來我和醫生說，我會盡量嘗試自己多些餵人奶。我心想，如果補充了奶粉，便減少了餵哺的機會，那我上奶的速度便會變慢。不過臨出院之前的那一晚，醫生建議把女兒去「照一照燈」，那一晚便補了一次奶粉。

我自己在醫院沒有泵過奶，但是因為有這次的經驗，建議所有媽媽都要預先準備奶泵去醫院，預防萬一 BB 需要照燈，亦可以將奶排出。要注意的是，可能你只會見到幾滴，但不要灰心，這是正常的，之後會越來越多。

出院之後，我女兒的黃疸問題仍未減退。印象中，好像出院 3 個星期後，她的黃疸才退到達標。這 3 個星期以來，我都很擔心，很想她的黃疸快快減退。我記得，有時女兒明明可以睡覺 4 至 5 個小時，但是我經常都故意每 2 至 3 個小時便弄醒她，然後埋身餵奶，希望她可以吸取多些液體。回想起來那時的確很辛苦。因為每個晚上都要叫醒她，她不高興，而我那時對餵哺母乳又未熟手。餵完她，幫她掃風、換片，氹她睡覺後，我才可以去睡。但是到我真的已熟睡可能不夠一個小時，又差不多時間要弄醒女兒了。

經過大女有黃疸這個經驗，我生第二個女的時候，便在醫院超級頻密地餵哺母乳。不知是否二女 Hannah 大食，還是我頭幾日真的沒甚麼奶的關係，她好像「食極」都不夠飽。今次我安排母嬰同房，結果差不多每小時都會餵她 1 次。基本上她一喊，或者「口郁郁」我就會餵她，比大女每兩三個小時先餵 1 次還要多。

每個小時都餵女兒 1 次其實真的是一件好劫好劫的事。因為差不多無得瞓覺，但是我覺得這是值得和需要的。我一定要頻密餵哺，幫自己盡快上奶，等 BB 可以快些

飽，飲多些奶，去多些小便，便可以減低患有黃疸的機會。

其實之前兩日醫生和我說，二女的小便也不多，所以提我一定要繼續餵多些母乳給她，希望她吸取多些水分。我亦有和醫生、護士說，我已經每個小時餵 1 次奶了。到第 3 日，他們說 BB 小便多了，但是仍要繼續觀察黃疸的指數。當時我便知道自己的勤力是沒有白費的，因為我亦感覺到胸部開始越來越腫脹，好似開始上奶，奶量亦越來越多。

到第 4 日出院，醫生說女兒的黃疸指數剛好達標，不用照燈或者留院，但是一定要過兩日回去複診。還記得，返到屋企我老公就很擔心說怕要回醫院複診，但是我自己反而就頗有信心。我知道我的奶量已經增加，而女兒的尿片每次都「脹卜卜」呢。

相比起大女那時候，今次我沒有在二女睡覺中特意弄醒她要她飲奶。二女慢慢都變到差不多 3 小時才需要飲奶 1 次，瞓覺又瞓得越來越好。真的不負有心人，複診的時候，醫生說她的黃疸已經降低了，無需擔心！

最後提提大家，如果 BB 真的有黃疸病都不一定需要補奶粉。媽媽身體許可的話，可以好似我一樣，一個小時餵 1 次。還有千萬不要餵水給 BB。BB 的胃部很細，容易飽滿。你餵了水的話，她就吸取不到奶的成分，容易營養不良。大家一定要注意啊！

真實個案

情節一

在生產後的前幾天，我沒有足夠的母乳供應，護士建議我繼續嘗試，但沒有提供任何實質的提示來幫助我進行母乳餵哺。寶寶的尿布整整一天也沒有濕過，我們都很擔心，帶她去看急症，後來她被診斷為瀕臨患上黃疸病的邊緣，我應該如何處理？我應該給她餵食配方奶粉嗎？

答案：

不需要對這情況感到太恐慌或擔心，你的寶寶正經歷着普遍新生嬰兒的狀況。護士沒有錯，第一個行動就是去增加母乳的供應，不斷嘗試餵哺寶寶。無論你是否決定給予寶寶餵食配方奶粉，都要先得到兒科醫生的許可。你應該基於自己的問題，先諮詢醫生的建議。

所有個案都不盡相同的，雖然你不應該過分擔憂，但亦要小心為上。還有，如果寶寶未能得到適當的母乳餵哺，這是沒有問題的。因為寶寶有足夠的儲備去持續很久，當他還在你子宮的時候，這些營養素的儲備已由你的身體內獲得。謹記，諮詢醫生，期望所有事情可以解決。

真實個案

情節二

我沒有足夠的母乳去餵哺寶寶，因為寶寶每次都吸吮 40 至 50 分鐘，而 1 個小時後，她又再次要求餵哺母乳。我已經每天為她餵哺 10 次，真是超級疲累，但寶寶仍然表現飢餓，我已經筋疲力竭。我如何有足夠的母乳？為何寶寶會吸吮 50 分鐘之久？

答案：

經過持續很久的餵哺，媽媽感到非常疲累，這是完全合理的。你可嘗試切換兩邊乳房去餵哺，來增加母乳供應。還有，寶寶或許以你的乳房當作奶嘴來尋求安慰。嘗試每邊乳房餵哺 15 分鐘，然後再切換。你亦可嘗試採用自然療法增加母乳供應，例如服用苜蓿芽或葫蘆巴。

情節三

寶寶在醫院患有黃疸病，醫生建議寶寶進食配方奶粉，從而希望她可以排出更多的尿液。自從離開醫院後，我已經頻密地泵奶及餵哺寶寶。但我的每邊乳房每次只能泵奶 30 至 40 毫升，寶寶能快速吃完 120 毫升的配方奶粉，所以我知道 80 毫升的母乳是不足夠的。那是否表示寶寶未能得到足夠的母乳？

答案：

不要太介意你可以製造多少毫升的母乳，30 至 40 毫升也不少。配方奶粉及母乳的營養不能相提並論，要大量的配方奶粉才能對比母乳所提供的營養，好像塑膠乳頭及真正乳房所提供的吸吮原理的分別。瓶子當然很快就會變空，你應該保持放鬆及繼續餵哺你的母乳。

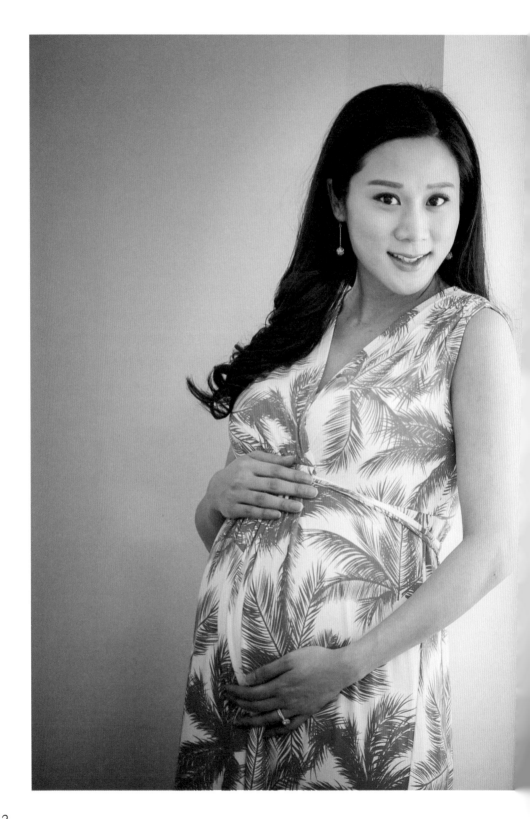

總結

* 毋容置疑，母乳是對初生嬰兒最佳的營養素。

* 在生產後的第一、二天，不要擔心有母乳量少的問題。

* 每 2 至 3 個小時，頻密地餵哺寶寶，或把母乳泵出以防寶寶感到飢餓。

* 透過皮膚對皮膚的接觸，一起同眠，或按需要自然供給母乳，都是有效增加母乳供應的方法。

* 合適的食物及營養素對維持健康的母乳供應扮演着重要的角色。

* 自然療法被認為是可以增加母乳供應的有效方法。

* 持續服用產前的維他命對哺乳的媽媽很有作用。

* 如果家庭療法未能解決問題，諮詢兒科醫生或哺乳專家是很好的主意。

HANNAH LAU
7 MAY 2019
3.25 KG

Chapter 2

如何處理乳房
受感染及乳房疼痛？

如何得知乳房受感染？

乳房受感染在母乳餵哺的媽媽中十分普遍，最常見是一邊乳房受感染。如果有以下症狀，可能已患上名叫「乳腺炎」的乳房感染。

- 疼痛。
- 不正常的腫脹。
- 乳房有腫塊。
- 痕癢。
- 含膿、乳頭有白點並流出一絲血漬。
- 發燒溫度介乎 101℉ 或 38.3℃。
- 有感冒的症狀，例如疼痛、發燒、疲勞或感到寒冷。

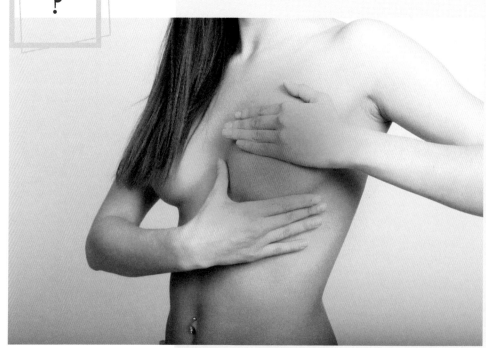

甚麼是乳腺炎？

乳腺炎屬於乳房組織的炎症或輸乳管阻塞。簡單而言，乳腺炎就是乳房組織受到感染。一般可以自行診斷，但通常要服用抗生素及輕量的止痛藥去分別治療發炎及疼痛。據悉，每 5 位母乳餵哺的媽媽之中，就有一人在頭 3 個月患有乳腺炎。

乳腺炎的出現是由於母乳淤塞（母乳阻塞輸乳管），如果在早期沒有得到治療及解決，很可能有機會變成傳染性的乳腺炎，後果是發炎及激痛。

乳房受感染的原因？

皮膚及嬰兒的口腔常常帶有細菌，而有傳染性的乳腺炎，其成因是細菌被傳送至輸乳管。如果媽媽的乳頭破裂或潰瘍，細菌便很容易從嬰兒的口腔傳播到媽媽的乳房，從而令受感染的乳房疼痛及發炎。最重要是，乳腺炎對嬰兒沒有傷害性，媽媽可以繼續餵哺母乳來減輕受感染的情況。

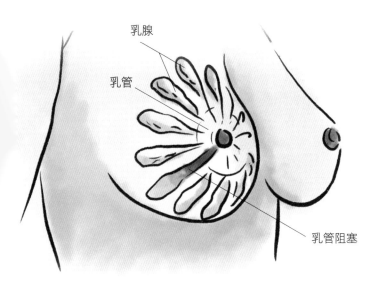

乳腺

乳管

乳管阻塞

乳房有否白色水泡？

乳房有白色水泡是乳腺出口塞了的症狀。

如果你發現乳房有白色的水泡，那可能是乳頭毛孔被阻塞。這些白色水泡的出現通常是因皮膚過度生長，越過輸乳管及有些母乳阻塞在原處。這些白色水泡只存在幾天，通常可以自行在家處理。

由皮膚過度生長而成的白點是很脆弱的，有時當媽媽以母乳餵哺時，就已經爆開。用溫水浸泡受影響的乳頭，接着用按摩油來按摩，或可以解決白色水泡的問題。不過，如果疼痛加劇及白色水泡在家中自行治療下並沒有改善，最好還是尋求醫生的幫助。

個人分享

乳房的白點

在餵人奶這兩年間，我覺得自己很幸運。既沒有碰上奶量不足，亦沒有試過乳腺發炎等問題。唯一試過一次的就是，有兩個晚上，不知甚麼原因，囡囡瞓得好甜，沒有醒過，時間一長，令我谷奶，但我懶惰，沒有把奶泵出來。連續兩晚都是這樣，然後我的乳頭就真的生了兩粒白點出來。

有這兩粒白點的感覺就好像生了「飛滋」一樣的痛，但那痛又不及胸部硬了、變了石頭般的疼痛那樣。因為整個胸部都變得很敏感，輕輕用手指一掃就已經痛得很，想尖叫，但是感覺又很奇怪，好像腳底按摩或肌肉痠痛，雖然感到痛但又很想按摩一下，忍住了痛，但只要按摩一下，又好似鬆了，舒服多了。

我覺得那時候的自己很變態，忍着痛叫老公幫我用力按摩，結果呢？真的一兩天之後就有改善。至於那兩粒白點，我繼續讓女兒埋身日啜夜啜，她就啜走了那兩粒白點，然後整個胸部便通了，再沒有乳塞或「石頭胸」這些問題。真幸運！

大家要注意的是，我採用這個方法是用了少少暴力的，加上乳房沒有發炎，所以沒有去看醫生。如果媽媽們有發燒或比我的情況更嚴重的，就一定要去尋求專業人士的協助了。

59

如何治療受感染的乳房？

- 前往診所檢查。一定要諮詢醫生意見，向他說明你的乳房受感染，並沒有其他嚴重的症狀。醫生通常會建議你服用非類固醇的抗炎藥，這對母乳餵哺中的媽媽及寶寶都是安全的。
- 在醫生建議下使用冷敷或熱敷。冷敷可以有效紓緩乳頭的疼痛感；熱敷則可以幫助疏通母乳淤塞，以及受感染的阻塞輸乳管。
- 避免穿上緊身的乳罩及衣服。
- 由向外至向內的方向按摩乳房（由乳罩位置到乳頭），從而幫助促進母乳的流量及紓緩痛楚。
- 經常餵哺母乳及擠出過多的奶水。
- 整日嘗試不停轉換母乳餵哺的姿勢。
- 攝取更多液體。
- 爭取大量的休息時間。

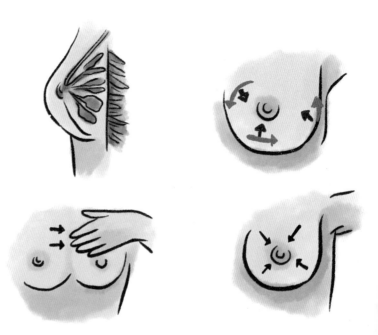

按摩乳房的方向，可依上圖箭咀所示，溫柔地按摩。

有助乳房迅速康復的草藥：

除了其他藥方及治療外，大量的休息是身體對抗細菌感染的最快康復方法。以下的草藥飲料有安神歇息，令神經冷靜及放鬆下來的功效：

洋甘菊　洋甘菊對媽媽和寶寶都是安全可靠的草藥，它具有紓緩的特性。建議把浸泡過的洋甘菊茶包放在因受感染而疼痛的乳房上，加倍紓緩功效。

啤酒花　啤酒花飲料使人放鬆，有很好的助眠功效，亦可增加母乳流量。

蜜蜂花　蜜蜂花加上茴香的飲料，有助精神放鬆。

以下草藥補充劑可減退發燒：

紫錐抗感素

紫錐抗感素是最有效對付乳房受感染的草藥治療。使用分量方面，要視乎病菌感染的嚴重程度，由每次 2 滴，一天 12 次，直至一個星期，可快速治癒乳房感染。

西洋蓍草

混合西洋蓍草和薄荷可有效治療乳腺炎。西洋蓍草和薄荷可降低體溫、減少寒冷的感覺，以及身體的痛楚。但謹記，西洋蓍草宜少量服用，因為它會阻慢母乳製造。

以下草藥補充劑可減少感染：

一般而言，想避免感染，使用牛至油是很好的治療，只需混合 2 至 3 滴牛至油及其他基礎油去按摩乳房即可。

牛至油

· 大蒜亦有效對抗各種感染，每天幾瓣大蒜有助快速擊退病菌。
· 有人會建議使用黑胡桃，但服用黑胡桃亦可能不當，因它未必可安全食用。

薑黃素

- 鼠尾草要小心服用，它可能會減少母乳供應。
- 局部薑黃根被認為可以減退炎症，並有科學根據證實，薑黃根含有薑黃素可以用作止痛及消炎的作用。

- 精煉紫草亦頗有功效，用半打大片的紫草葉切成兩寸的塊狀（包括梗），把部分放進多功能切碎機或攪拌機，然後倒入二分一杯的水，再加入一些麵粉或麥片，期間不斷加進麵粉，直至厚漿形成。把麵糰塗在一塊乾淨的布上，然後把它直接敷上乳房，在原處上面放上另一塊布，兩個小時後就會達到很好效果。

把紫草葉切碎，並攪拌成厚漿。

你是否經歷痛苦的母乳餵哺，有乾燥或痕癢的乳頭？

如果你經歷的症狀有難以忍受的痕癢，這可能是受真菌（酵母菌）感染，名稱叫做「念珠菌」。在母乳餵哺期間使用抗生素，或在懷孕期間感染陰道酵母菌，及乾裂的乳頭都會令你及寶寶有感染酵母菌的風險。念珠菌還有機會讓寶寶口腔感染鵝口瘡。鵝口瘡是口腔黏膜炎症，嬰兒的舌頭上可能出現凝乳狀白色斑膜。鵝口瘡迹象和症狀包括：心煩、胃氣脹、或拒絕餵哺。你或會留意到寶寶的屁股有皮疹。

在餵乳過程中，如果媽媽被嬰兒口腔感染，則會出現以下症狀：

· 乳頭發紅、疼痛或發癢
· 乳暈上的皮膚乾裂或發亮
· 餵乳時感覺疼痛
· 乳房深部刺痛

如果酵母菌感染未能得到適當的治療，它將有機會發展成乳腺炎或輸乳管堵塞。

如何治療鵝口瘡？

醫生會替孩子做身體檢查。如果確診為鵝口瘡，醫生會開一種抗真菌滴劑。如果媽媽正在餵乳，醫生會開一種塗抹在乳頭上的抗真菌洗劑，避免孩子再次被感染。為預防嬰兒再次被感染，應徹底清洗乳頭、乳瓶和橡皮奶頭。

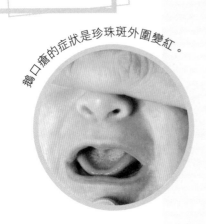
鵝口瘡的症狀是珍珠斑外圍變紅。

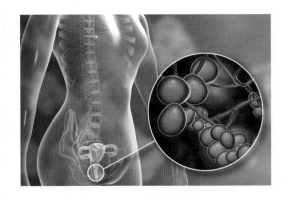

如何治療念珠菌？

· 家庭治療，例如使用凡士林及油類
  都不能有效治療酵母菌感染。你應
  在寶寶臀部塗上抗真菌藥膏，及帶
  他去看醫生尋求治療。

· 由於抗生素會殺害有益的細菌，所
  以使用抗生素會增加媽媽和寶寶受
  真菌感染的風險。在媽媽的飲食中，
  益生菌可以幫助減低媽媽和寶寶感
  染酵母菌的機會。益生菌在科學上
  已證明可以有效提高免疫力去對抗
  感染。

有兩類的益生菌或有益的細菌值得注
意：唾液乳桿菌和發酵乳酸桿菌。它
們的優點是可以成為益生素治療以加
速康復的進度。在家庭治療下，若酵
母菌感染未能在幾天內治癒，便要立
即看醫生，尋求專業的意見。

甚麼是乳房充血？

由於過多的母乳製造會令媽媽的乳房增大，導致乳房充血。此時，乳房會變大、腫脹或拉緊。當母乳製造時，乳房變得脹大、重及溫暖是正常的。但過多的母乳及因寶寶不恰當地餵哺，正常的乳房脹滿也可能因此而導致充血。

在生產後的第 3 天，乳房可能會有開始充血的跡象，膨脹的乳房會令媽媽感到疼痛。如果未能得到治療或紓緩，充血的乳房可能會引致母乳淤塞，及引致傳染性的乳腺炎。此外，充血會給輸乳管帶來很多壓力，最終會導致輸乳管道堵塞。

如何避免及減低充血？

· 頻密地餵哺，每天起碼 10 次。
· 按需要以母乳餵哺。
> · 讓寶寶完全地吮食一邊乳房，完成後才轉換另一邊。
> · 確保正確的含乳及餵哺姿勢。
> · 若寶寶未能得到最佳餵哺，便把母乳擠出。

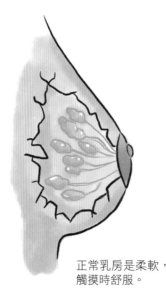

正常乳房是柔軟，觸摸時舒服。

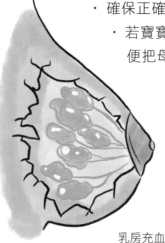

乳房充血後，乳管會阻塞，壓力還會影響乳房內的細胞。

如何治療充血？

- 餵哺前按摩乳房。
- 餵哺期間按摩乳房。
- 母乳餵哺後，把輸乳管內剩餘的母乳擠出。
- 但是過度擠出母乳的習慣，可能會引致母乳過量的製造，所以要掌握和平衡。
- 用冷敷去緩和緊張的乳房及減輕腫脹。
- 避免戴上緊身的乳罩。

有甚麼其他治療方法？

把冷凍或室溫的椰菜葉洗淨，在每次餵哺之間敷上乳房 20 分鐘，可有助治療輕微的乳房充血。不過，切記每天不要超過 3 次，因為椰菜會減少母乳的供應。

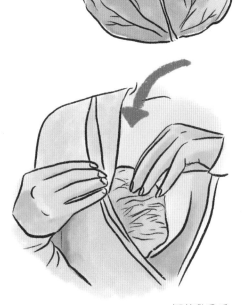

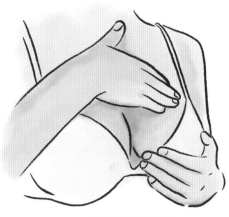

餵哺前按摩乳房

椰菜敷乳房

如何按摩乳房？

帶有腫塊的疼痛乳房是輸乳管堵塞的跡象，使用熱敷及按摩能有效紓緩堵塞的輸乳管。塗上潤膚霜，最好使用天然油，例如椰子油或橄欖油，以溫柔的力度來按摩乳房，用拇指去按壓由輸乳管的後面至乳頭位置。輕輕揉擦，這應該不會感到痛楚，每天經常按摩，可防止餵哺母乳期間乳房受感染的機會。其他有用的技巧還包括在餵哺母乳期間或擠出母乳時按摩乳房，這樣有助清除在管道堵塞的母乳。

如何預防母乳疼痛及維持不斷的母乳流量？

· 確保正確的含乳：肚子對肚子的姿勢通常可以確保正確的含乳。正確的含乳姿勢是非常重要的，否則整個餵哺過程會感到痛楚。坐在舒適的椅子上，使用枕頭，不要向寶寶彎腰，或按需要抓住乳房放進寶寶的口中。

· 不要穿上緊身的胸圍及緊身上衣，因為這會過度束緊乳房。

· 持續母乳餵哺。

· 要躺直背來睡，不要彎起肚子來睡，因為這樣會導致母乳製造堵塞及產生痛楚。

有甚麼天然乳霜或療法來治療乳頭疼痛？

母乳 媽媽可以用母乳去治療乾裂、疼痛及長有水泡的乳頭。使用幾滴新鮮擠出的母乳，然後讓它自然乾透，母乳會成為天然的潤膚膏去滋潤乳房的肌膚。

蘆薈 使用新鮮壓榨的蘆薈凝膠敷在疼痛的乳頭上，讓它自然乾透，然後用微溫的水洗淨。每天可以多次使用蘆薈，直至第 4 天。

綿羊油 綿羊油可以阻止及防止乳頭的脫皮及乾裂而引致的傷害。綿羊油乳頭護膚霜對寶寶是安全的，使用後亦可繼續進行母乳餵哺。

椰子油 椰子油性質安全，可以用作乳頭潤膚霜，亦可以讓乳頭得到天然的治療，令母乳餵哺期間及感染中，避免進一步的傷害。

冰 冰是最佳而短暫紓緩乳頭的痛楚，用毛巾包裹一塊冰磚，按在乳頭，冰還可以有助麻痹乳頭的痛楚及減去腫脹。但不要用冰去治療堵塞的輸乳管。

羅勒葉 用新鮮的羅勒葉製成糊狀，塗在疼痛的乳頭中，每天 3 至 4 次，建議使用一星期。羅勒葉有治療作用，可幫助紓緩乾燥、痕癢、乾裂及疼痛的乳頭。

為甚麼寶寶會咬及拉扯媽媽的乳頭？

所有寶寶都不同的，一些從來都不會咬媽媽的乳頭，但另有一些卻時常咬。當寶寶咬媽媽乳頭的時候，媽媽會很難放鬆，難以享受整個餵哺過程。雖然這會對媽媽造成陰影，但這並不是大問題，不要因此而妨礙母乳喂哺的成效。

咬啃的成因：

· **出牙**：最常見的原因是寶寶出牙而引致的牙根疼痛。寶寶咬啃是想紓緩牙根。

· **無聊**：接近餵哺的後期，寶寶已經不肚餓，可能感到悶，為了貪玩才咬乳頭。

· **母乳減少供應**：當母乳流量放緩，寶寶可能會咬及拉扯乳房，而減少及放緩的母乳供應，通常發生在餵哺的早期時段。

· **為了引起注意**：有些寶寶咬啃媽媽的乳頭，是為了得到媽媽的注意，另一些是因為壓力。

· **過度使用奶嘴**：當寶寶使用奶嘴成為習慣，他或者會養成咀嚼奶嘴的行為，當母乳餵哺時，他就會重複這個行為，從而咬扯媽媽的乳頭。

· **注意力分散**：寶寶容易被周圍圍繞着他的事物而分心，他們同時想在同一時間觀察及餵食，在不斷扭動時，他們因而咬到乳頭。

· **身體疾病**：一些疾病如感冒、耳炎，可引致寶寶在母乳餵哺時，吸吮困難。例如，當寶寶鼻塞，便有可能去咬人。

如何制止寶寶咬啃乳房？

為了自己及寶寶，照顧乳房是十分重要的。當寶寶開始去咬啃乳房的時候，媽媽就要有所準備，使用以下 3 個步驟去處理：

步驟 1：注意咬人跡象
當寶寶有意圖去咬啃媽媽的乳房時，他的下巴會有點繃緊。原因是，當寶寶正確含乳及積極進食時，乳頭會深深地落入他的嘴裏。但當寶寶企圖去咬媽媽的乳房時，他必須調整含乳姿勢，及將舌頭從原來的位置拉出來。

步驟 2：用行動去制止
有時寶寶不願開口而持續咬啃乳頭，媽媽要立即用行動去制止他，如立即把手指放在寶寶牙齦之間，便可阻止他。若果沒有效，可把寶寶拉近到媽媽的乳房，或用拇指及食指去輕揉他的鼻子約 1 秒，這會令他呼吸有點困難，接着他就會把口張開，從而把乳頭釋放。

步驟 3：給予教導並配合懲罰
媽媽應該溫柔及堅定地讓寶寶知道母乳餵哺及咬啃是不能同時進行，可以説給他聽「噢！這會痛，若你再咬，我就不再給你餵食。」亦可告誡寶寶，及休息幾分鐘之後，可以給他另一次機會去餵食。若寶寶肚餓，他便會焦急。敏感的寶寶在這情況下便會嚎哭，先讓他冷靜，然後再繼續餵哺。

如何防止咬唷的發生？

最佳的方法就是預計行為或會出現因而防患於未然。稍微觀察，會發現寶寶行動之前就有意圖去咬人。

· 注意寶寶咬唷模式，例如發生的時間是否餵哺的早段或是後段，這與母乳量流動的速度，及是否感到無聊有關。

· 如果寶寶咬唷發生在餵哺期間的開始，這與母乳流量過慢有關，媽媽可以擠壓乳房來加速流量。

· 如果寶寶咬唷是因為母乳流量過快，便應該把他從乳房中解開，讓奶水噴射到毛巾上，之後再繼續讓寶寶含乳。

· 如果寶寶咬唷是接近餵哺完成期間，可能已吃飽及感到無聊，這時便應該把他從乳房中解開。

· 可以在身體不適及出牙期間，去評估寶寶對餵哺母乳的興趣。

· 如果寶寶咬唷是因為出牙，便應該給他磨牙玩具，最好是冷的，例如以磨牙環及放置面巾，去幫助紓緩牙齦疼痛。

不要強行給寶寶母乳餵哺，如果他是：
· 因為一些原因分心及不想再進食；
· 滾動或推開媽媽的雙臂；
· 不肚餓或沒有興趣進食。

向寶寶叫喊永遠不是一個讓他停止咬唷的方法，因為有些寶寶可能會覺得叫喊是很有趣的事，因而繼續咬唷；亦有些寶寶會感到驚慌，因而持續反抗餵哺，這便演變成另一個棘手的問題。

甚麼是厭奶期？

如果寶寶不是在斷奶期間而拒絕母乳餵哺，這便叫作「厭奶期」。有很多原因導致反抗餵哺，包括出牙、鵝口瘡或唇泡疹；中耳炎；鼻塞；奶水流量過慢；因咬哨而被媽媽叫喊，因而引致驚恐；因為媽媽的飲食或已懷孕，導致母乳味道轉變；母乳餵哺的日常時間表有重大的改變；因改用肥皂或沐浴露的牌子而令媽媽的身體味道轉變。

厭奶期的處理方法？

· 餵哺有睡意的寶寶。通常厭奶期的寶寶當有睡意時，是比較容易餵食。

· 在母乳餵哺期間，嘗試用另一種姿勢或搖動寶寶。

· 盡量減少周遭可分散注意力的事物，尤其是對月份較大的寶寶而言，因為他們可能對周遭的環境有更大的興趣。

· 諮詢健康護理專家，以解決醫療上的問題，例如鵝口瘡或感染。

寶寶厭奶期時，
媽媽更要加油呢！

寶寶厭奶時，媽媽需要擠出母乳嗎？

厭奶期可以持續 2 至 5 天，甚至多至幾個星期，所以在此期間，極力建議媽媽擠出母乳來持續母乳的供應。擠出母乳可有助避免乳頭充血及輸乳管堵塞的機會，而媽媽亦可以把擠出的母乳用口服注射器、匙羹或吸管杯去給寶寶餵食，以防止他在此期間脫水。

· 媽媽不應感到內疚，及認為寶寶拒絕餵哺是因為自己做了錯事。

· 當面對被寶寶拒絕餵哺時，媽媽應保持冷靜及找人傾談。

情節一

當寶寶出世幾天後，我一邊的乳房堵塞，沒有發燒，所以不認為是受感染，或患上乳腺炎。但是我的乳房灼熱疼痛及硬如石頭，在堵塞的乳房，我只能捺出幾滴奶水，而另一邊則是正常，現在我兩邊乳房非常不均勻，應該如何是好？

答案：
你很大機會是經歷乳房充血（過多奶水在乳房）。嘗試用冷敷及用拇指從腋窩至乳頭方向溫柔地按摩。不要放棄用那邊的乳房餵哺，及嘗試擠出過多奶水，如果問題持續或有感冒症狀，便要立即去看醫生。

情節二

我一邊的乳房很硬，即使溫柔地觸摸，亦感到非常疼痛。有白點開始在乳頭出現，我應該如何去除這些白點及痛楚呢？

答案：
你很大機會是輸乳管堵塞，白點是乳頭毛孔堵塞的跡象。嘗試用熱敷及盡量把奶水泵出。還有在母乳餵哺時，從輸乳管到乳頭的位置，溫柔地按摩疼痛的乳房，或擠出奶水來紓解疼痛。購買輕量止痛劑，可暫時有效紓緩痛楚。若問題持續，便要看醫生尋求專業意見。

情節三

醫院的護士告訴我，寶寶能夠完美地含乳，應該不會受傷。但是我感到乳暈非常疼痛，我發現吸吮令乳頭的皮膚變得乾燥及有點脫皮。寶寶每次吸吮時，都好像令我的皮膚變薄，甚至變得更疼痛，究竟如何令痛楚減少？

答案：

脫皮是真菌感染的跡象，當媽媽以為含乳完美時，但是卻感覺到電擊般的痛楚。在這情況下，最好立即諮詢家庭醫生的意見，因為寶寶可能有機會患上鵝口瘡及臀部出現尿布疹。

總結

* 乳房感染或乳腺炎，普遍會出現在母乳餵哺中的媽媽。

* 乳腺炎是當細菌由寶寶的口裏傳至媽媽的乳房組織。

* 草藥或家庭治療可以幫助快速改善情況。

* 白色水泡的出現表示乳頭毛孔阻塞。

* 乳房充血令媽媽感到腫脹及疼痛，這是因為過多母乳在乳房。

* 每日按摩乳房可帶來非常多的好處，因為它會防止及治療乳房感染及充血。

* 無論是任何原因令媽媽感到擔憂，最重要都是要及早尋求醫療協助。

Chapter 3

如何讓寶寶含吮母乳？

正確含乳有多重要？

正確含乳可以帶來母乳餵哺最佳的效果。當寶寶可以正確地含乳及滿口地吸吮，乳頭疼痛就會減少，寶寶亦會得到他所需要的營養。初期遇到含乳困難是正常的，但不要擔心，寶寶的天性是早已有含乳的本能。

以下幾個心得，可以幫助媽媽從一開始就掌握到正確的含乳方法：

· **以舒適的姿勢坐着，避免自己緊張**。建議以斜靠姿勢坐着，當然亦可以選擇最適合自己的姿勢。因為地心吸力的關係，躺着的姿勢可以幫助寶寶更佳地含乳，讓媽媽不易感覺到疲倦。

· **當寶寶出生後就立即餵哺母乳**。開始得越早，寶寶就有越多的機會去發揮他的天性本能，媽媽的母乳供應就會越多，肌膚接觸是成功的關鍵。

· **確立寶寶正確的餵哺姿勢**。建議寶寶只穿上尿片，依躺在貼近胸部的肚子上，確保媽媽與寶寶有肌膚接觸。他的臉蛋及下巴應該接觸到媽媽的乳房，媽媽把手放在寶寶的背部及頸部，從而進一步穩固他的姿勢。

· **乳腺在乳暈後面的位置**。寶寶的嘴巴不應只含吮乳頭的位置，而是要覆蓋乳暈大部分的底部，那麼乳腺就能受到刺激，以便製造更多母乳。

· **辨認正確的含乳跡象**。如果感到乳房有拉扯的感覺，那就是寶寶正在吸吮母乳，寶寶吞吮母乳時，媽媽會看到他的太陽穴及下巴有節奏地郁動。

· **自我觀察以免情況進一步複雜**。在母乳餵哺時，感到乳房有點疼痛，或變柔軟的感覺是正常的，但應該不會引致痛苦，而且疼痛的感覺不會持續在整個母乳餵哺的過程中。乳頭乾裂及出血亦是不健康的。若果媽媽正經歷着以上這些痛楚，那就一定要去諮詢醫生的意見，尋求專業的治療方法。

正確含乳的姿勢

很多姿勢都可以在母乳餵哺時採用，最重要是，找到一個對媽媽及寶寶都舒適的姿勢。以下一些姿勢可以嘗試及參考：

正面抱法（Cradle Hold）

正面抱法最適合還未完全掌握母乳餵哺和信心未夠的新手媽媽。初期很多媽媽也會感覺怪異，但是這個姿勢可使雙手有效地運用，媽媽很快就能夠適應這個姿勢。抱着方法是把寶寶放在媽媽旁邊，肚子貼着肚子，用母乳餵哺那一邊的手去支撐乳房，另一隻手就抱着及支撐寶寶，要確保抱着寶寶的頸去引導他頭部的郁動，另一隻手則帶引乳房及乳頭，當寶寶能含吮乳頭後，媽媽要把他保持在搖籃般的姿勢。

一般抱法
（Lying Down）

若寶寶已有數星期大，一般抱法
比起其他姿勢更適合，令媽媽餵
哺母乳時變得更有信心。寶寶應
抱在相交於乳房前面水平的位置，他的肚子對着媽媽的胸膛。寶寶的頭部
應伏在母乳餵哺那一邊彎曲的手肘，另一隻手在有需要時就要握住乳房。

橄欖球抱法
（Football Hold）

把寶寶放在媽媽手臂的下方，然後用手
支撐他的頸後，彎曲寶寶臀部下方的雙
腳，那麼他就不能把腳伸向媽媽，這個
姿勢對剖宮生產和擁有巨大乳房的媽媽
是最適合的。

躺餵抱法
（Laid Back）

把枕頭放在寶寶背後，或放在他身邊，媽媽則躺在他的身旁，面向着他。
寶寶的鼻子應該與媽媽的乳頭成一直線。媽媽可自行決定是否把枕頭放
在自己背後。

如何得知寶寶含乳的姿勢是否正確？

如果寶寶含乳姿勢正確，便有以下一些含乳的跡象：

- 當寶寶的下唇向下拉時，可以看到他的舌頭。
- 寶寶的雙耳扭動。
- 下巴及太陽穴有節奏地郁動。
- 臉蛋變得飽滿及圓圓。
- 沒有發出咔嗒聲或吵鬧。
- 可以聽到寶寶吞嚥的聲音。
- 下巴貼着媽媽的乳房。
- 當寶寶正確含乳之後，並沒有任何不舒適。

媽媽應該謹記母乳餵哺不是一個痛苦的過程，正確的含乳可以減低不適感，母乳餵哺可以與寶寶建立親密的關係。

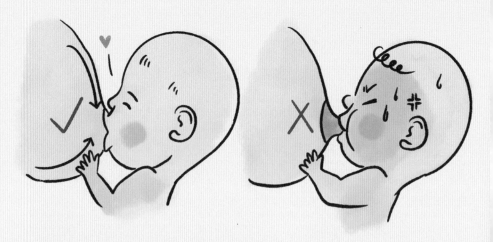

正確的含乳姿勢是媽媽的整個乳暈都在寶寶的口裏。

如何幫助寶寶更佳地含乳？

成功含乳的關鍵就是肌膚接觸，所以強烈建議在生產後的一個半小時內，就開始母乳餵哺。在寶寶出生的第一個小時，由於他的警覺性很強，及對學習吸吮技巧十分敏感。這時候，媽媽如讓寶寶有肌膚接觸，那麼他快速學會母乳餵哺的可能性就最大。之後的時間，寶寶通常會變得更加困倦，及需要在分娩過程中恢復過來。肌膚接觸表示寶寶裸露的肌膚與媽媽互相直接接觸，這接觸有助寶寶保持所需的體溫，若果媽媽認為周遭的氣溫較冷，便應及時為自己和寶寶蓋上毛毯。

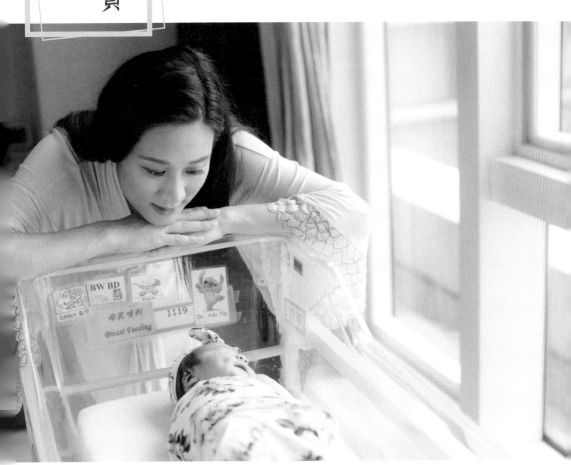

怎樣抱着寶寶餵奶才是最好？

個人認為最容易餵哺母乳的姿勢是坐在一張舒適的座椅上，然後好像「攬住個波」地餵就最簡單。不過在頭一個月，我覺得所有新手媽媽都會餵到頸緊膊痛了。大家始終都不習慣手中抱着一個這麼細的小生命，又會害怕很容易「chok」到寶寶，或者令他不舒服。媽媽會寧願自己痛都不想寶寶不舒服，所以說，媽媽真的是很偉大啊！

在寶寶出世之前，媽媽最好做足準備功夫。對我來說，一個 U 型枕頭簡直是我的救星。把寶寶放在 U 型枕頭上，寶寶的頭便會被提升到接近我的乳房位置，我便不用抱得太辛苦，亦可以很輕鬆地把手臂放在 U 型枕頭上。如果再配合一個可以踏腳的地方就更舒服了。

在第一個星期，我的準備功夫做得不夠，但是真的要讚一讚老公。他立即去傢俬店買了一架「車仔」，給我可以放水、書、奶泵、紗巾等等。讓我可以舒適地抱着寶寶的同時，亦可以隨手取到所需要的用品。

其實怎樣抱着寶寶都好，真的沒有一個指定的答案。只要自己舒服，加上寶寶吸啜到乳頭，這個就是正確的含乳姿勢了。

爸爸不應感到被遺忘

普遍認為母乳餵哺只是媽媽與寶寶之間的獨有經驗。在母乳餵哺的過程中，爸爸不是沒有角色去扮演，而是扮演着重要的角色，令母乳餵哺能成功地進行。爸爸可以做很多媽媽會欣賞的事情，從而與寶寶建立親密的關係。例如，當寶寶吃飽後，爸爸應該抱起寶寶，讓他知道除了餵食時間，他亦可以享受另一個人的擁抱。

爸爸可以搖抱着寶寶或對他哼唱，把吵鬧的寶寶冷靜下來；亦可以把寶寶的頭依偎在爸爸的頸上，及用下巴蓋住它。此時，爸爸可以向寶寶哼唱低音旋律的歌曲，顎骨的震盪可以紓緩寶寶的情緒，有助他入眠。

爸爸還可以做甚麼？

- 在午夜，若果寶寶要求餵哺，爸爸可以把寶寶帶到媽媽身邊。
- 為疲倦的媽媽準備小食或膳食。
- 在餵哺期間給媽媽帶來果汁或水。
- 餵哺前給寶寶換尿片。
- 給予母乳餵哺的媽媽作精神支持。
- 幫助媽媽放鬆，給她背部或足部按摩。
- 對媽媽的努力給予鼓勵，爸爸就是最強的啦啦隊隊長，他的支持就是新手媽媽的整個世界。
- 若果媽媽因母乳餵哺的原因而有負面情緒，不要讓她感到沮喪，保持正面及永不讓她懷疑自己。

母乳餵哺方面，爸爸不要認為自己沒事可以做。爸爸可以整合家庭的快樂，媽媽得到伴侶的支持及出色的鼓勵，自然可以達成母乳餵哺。母乳餵哺令媽媽感到疲倦，獲得丈夫持續的支持正好幫助她保持正面態度，不會中途放棄。

寶寶拒絕含乳成因

有時寶寶會拒絕含乳，或者對着乳房發呆。有很多成因導致這情況出現，讓我們看看以下最常見的成因：

乳房充血

當寶寶出世後第 2 至 3 天，乳房或會看起來腫脹、堅硬及疼痛，令寶寶難以含乳。為甚麼乳房會充血？乳房充血的成因包括：

- 成熟期的母乳流入。
- 額外的血液流入乳房。
- 在分娩期間注射靜脈注射液，令情況變壞。
- 母乳一定要吸出，否則可能會發炎或導致更多腫脹。

乳頭疼痛

當寶寶開始吃奶時，媽媽有疼痛的感覺，同時發現乳頭有水泡、乾裂或流血，這叫做「乳頭潰傷」。

甚麼原因導致乳頭疼痛？專家認為其中一個引致乳頭潰傷的成因，是含吮時的依附不夠深入。可嘗試改變含乳的姿勢，還要看寶寶有否黐脷筋。若果含乳狀況得不到改善，乳頭持續疼痛，乳頭可能已經損傷或乾裂。

面對疼痛的乳頭，應該怎樣做？

· 預防勝於治療。在生產後，肌膚接觸可以產生特別的舒適感，有助達到正確地含乳的效果。按照寶寶的提示去餵哺亦非常重要。

· 吸吮人造的奶頭，一定有所不同，嘗試避免使用奶嘴或瓶子，因為這樣可導致寶寶吸吮乳房時，引致乳頭疼痛。若果乳頭持續疼痛，就應該諮詢哺乳專家的意見。

· 寶寶若有黐脷筋，就要做手術。

· 若果媽媽不能決定哪個姿勢是最好，就要去弄清楚。找個舒適的地方餵哺寶寶，及做大量的肌膚接觸。

· 衣服黏貼乳房可能加重痛楚。硬塑膠外殼便可大派用場，或用布料做成甜甜圈，穿著在乳罩內，便可以把乳頭與布料隔開。

鵝口瘡

鵝口瘡引致灼熱及刺痛的感覺，令人難以忍受。痛楚的感覺可以出現在母乳餵哺幾個星期之後，或是在開始時。乳頭感覺痕癢，並變粉紅或泛光。

甚麼原因導致鵝口瘡？

鵝口瘡是念珠菌過度增生，這種微生菌通常存在於皮膚及身體，它們喜歡在溫暖潮濕的氣溫下生長，因而引致感染。日常飲食含過高的糖分，亦有助念珠球菌的生長。

面對鵝口瘡，應該怎樣做？

如果媽媽認為自己患有鵝口瘡，應該立即去看醫生。最重要是去診斷痛楚是否由其他原因造成。鵝口瘡是很頑強的，及早的診斷及治療有助快速康復。媽媽和寶寶同時都要接受鵝口瘡的治療，一般而言，治療方法是在媽媽的乳頭使用抗微菌藥物，而寶寶就口服抗微菌藥物，藥物治療一定要服用，鵝口瘡的藥物通常在醫生處方才得到。

母乳不足

若果察覺到寶寶體重相比起正常的寶寶每星期相差 4 至 7 安士，及哭鬧較多。這可能與媽媽的母乳供應量不足有關。

引致母乳不足的原因？

很多新手媽媽未必察覺到及早而頻密地餵哺母乳能給身體傳遞製造充足母乳的訊息，以達致餵哺寶寶的需求。如果媽媽企圖延遲餵哺，可能導致母乳量供應不足，不恰當的含乳亦會造成這後果，一些含荷爾蒙的藥物亦會減少母乳製造的供應。

面對母乳不足，可以怎樣做？

首先媽媽應該確定寶寶是否正確地含乳，他是飲用母乳而不是一點一點的咬着乳頭。媽媽應該用四隻手指及拇指按壓乳房。還有用手伸進寶寶的嘴裏，以加速寶寶的吸乳效率。鼓勵媽媽花兩天時間在床上頻密地餵哺，因為可大大改善母乳的供應量。

不尋常的氣味或味道

有時寶寶拒絕餵哺是因為媽媽改用了新的肥皂、洗頭水、乳霜或除臭劑。媽媽氣味的轉變令寶寶未能辨認得到。

母乳味道改變

若果媽媽突然改變飲食習慣，或在月經期間，又或再次懷孕，母乳味道都會改變，這可能會引致寶寶拒絕餵哺。

乳腺炎

母乳通過患有乳腺炎的皮膚，味道或帶有鹹味。在這情況下，建議把母乳擠出，然後給寶寶餵食。

疾病

有時疾病如感冒、咳嗽、耳朵受感染、鼻塞或胸悶，都會令寶寶拒絕餵哺。身體不適的寶寶亦沒有胃口。

母乳流速過慢

有時媽媽會感到難以把母乳釋放及流出。不要擔心，母乳流速慢，可試試以下幾個簡單的技巧：

- 按摩乳房。
- 坐在舒適及寧靜的環境中。
- 在餵哺時，看着寶寶，可釋放媽媽體內的催產素，有助母乳的流動。

母乳流速過快

母乳從乳房快速地流出，令寶寶難以停留在乳房，得不到舒適的餵哺。母乳流速過快，亦會嚇怕寶寶。以下是一些母乳流速過快的跡象：

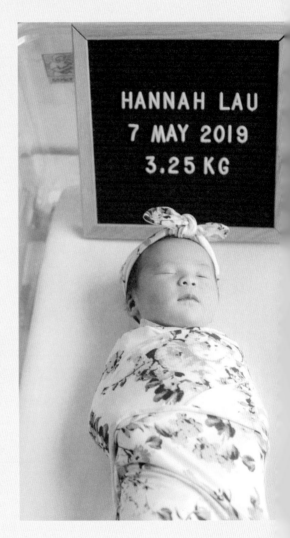

- 在餵哺過程中，寶寶嗆到。
- 在餵哺過程中，寶寶咳嗽。
- 寶寶咬扯乳頭。
- 寶寶吞嚥母乳。
- 母乳從寶寶的口中滴出。
- 寶寶打嗝或吐痰。

母乳流速過快是因為媽媽有過多的母乳供應，通常寶寶在按需求而餵哺期間，會懂得自我調節。

奶頭錯覺

在給寶寶使用瓶子或奶嘴前要想清楚,吸吮人造乳頭(牙膠)與乳房是兩種感覺,寶寶可能因而感到困惑,及拒絕吸吮媽媽的乳房,所以最好盡量避免使用人造乳頭(牙膠或奶嘴)。

若果寶寶拒絕吸吮乳房,媽媽可以嘗試以下補救方法:

· 不要放棄,持續從乳房給予寶寶所需要的膳食。嘗試把寶寶偎並親近自己,可以把奶樽放在身邊,當寶寶需要時,便以乳頭代替奶樽。

· 不要強迫寶寶,當他拒絕餵哺時,媽媽要保持冷靜。不要因此而令寶寶嬲怒,給予他時間冷靜下來。

· 若果寶寶只餵食母乳,媽媽可用手擠出母乳,然後放到乳頭上。若果寶寶亦有進食固體食物,嘗試把他最喜愛的食物作餌,放在乳房上。

· 如果只用瓶子餵哺寶寶,可以把瓶子餵哺作為艱難的任務。方法是把瓶子上的奶嘴放慢流出的奶水,他或會因而喜愛吸吮乳房。

· 抱着寶寶走來走去,可能有幫助。在他吸吮母乳前,輕輕拍打他的背部約 5 分鐘,搖動寶寶,可以有助帶來正面的效果。

成功「埋身」餵奶的秘訣

我聽過許多媽媽講寶寶未必肯「埋身」飲奶又或者不懂吸啜，我都經歷過。寶寶出世的頭一兩個星期，她好像不懂得去「擔實」我的乳頭。我抱住她不斷在嘗試，但是寶寶又不斷在喊，好像很肚餓又很炆憎一樣。寶寶哭令我也哭了出來，因為真的不知道如何是好。

明明在醫院很成功的，為甚麼一回到屋企大家都變得不知怎樣處理呢？

我想給大家一個小貼士，就是千萬不要視自己為專家。你和寶寶都是第一次做這件事，成功埋身餵奶的秘訣就是，要不斷嘗試，不要放棄。就好比一個小朋友初學踩單車時跌倒後，起身再試過。容許自己固執一些，務求達到目標餵到為止。

當女兒和我在屋企埋身餵奶不成功時，我的情緒便很低落。但是我嘗試轉換不同姿勢，結果有時成功，有時就不成功。我亦試過泵少少奶之後才餵她，等乳房鬆少少，希望會有用，這也是有時得，有時不行。

我一路收集不同資料，觀察哪一種方法和哪一種姿勢是女兒吸啜得最好呢？不經不覺她都慢慢學識吸啜我左邊的乳房，亦做得越來越好。後來我還發現她不會吸啜我右邊的乳房，因為我的乳頭比較平。亦因為這個原因，我在頭一個月主要都是用左邊乳房埋身餵，右邊的就會泵奶出來放冰櫃做後備。

所以說，成功的秘訣就是不要放棄，不要過於心急，同時給機會自己和寶寶去學習。這個新組合磨練一下，自然就會慢慢擦出許多愛的火花了！大家餵到第 3、4 個月時，已經可以熟手到隨時拉低自己件衫，在任何場合都可以很輕易地餵㗎啦。加油！

乳頭類型

正常的乳頭有不同的形狀及大小，有些女性的乳頭較大，有些則較小；有些較圓、有些則較尖；有些較扁平，突出；有些卻向內。它們都是正常的乳頭，全部都可以成功餵哺母乳。

但是如果有些女性的乳頭扁平，乳頭凹陷，及有巨大的乳頭，這對寶寶來說，比較難以含吮。現在我們都明白正確含乳的重要性，因為不佳的含乳方式，會導致寶寶體重不足、脫水，或會引致乳頭疼痛，及母乳供應缺少。

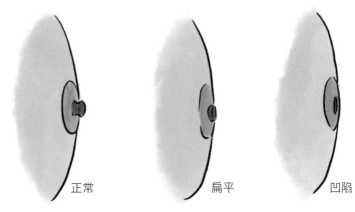

正常　　　　　　扁平　　　　　　凹陷

不同的乳頭類型。

扁平乳頭

這類乳頭不夠突出，稱作扁平的原因是當身體躺臥時，乳暈及乳房周遭的皮膚都是平坦的，它們只是扁平，沒有向內或向外突出。

當天氣寒冷或是受到性刺激，乳頭就會豎立，不再扁平。有時突出的乳頭，亦看似扁平，因為乳房脹滿了乳水。堅硬及腫脹的乳頭會看似扁平。寶寶通常不會對扁平乳頭有吸吮困難。

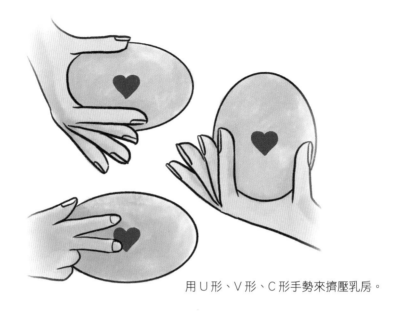

用 U 形、V 形、C 形手勢來擠壓乳房。

若果媽媽有扁平乳頭，以下有幾個提示可留意：

· 穿戴乳房護罩。它可以在乳頭的底部增加壓力，從而幫助它們突出。
  當開始母乳餵哺時，就可以把護罩移除。有些哺乳專家未必會贊同使
  用乳房護罩，或者對一些媽媽來説，並不是一個有效的方法。

· 在母乳餵哺前，用手或電泵刺激乳房幾分鐘，這些抽吸可以延長乳頭
  一點點。

· 若果扁平乳頭是因為乳房充血，把母乳擠出，有助解決問題。

· 時常觀察寶寶的體重及濕尿布，以確保他在吸吮扁平乳頭時，仍得到
  足夠的餵哺。

· 用 V 形手勢、C 形手勢，或 U 形手勢去擠壓乳房，乳房在壓縮下像三
  文治一樣，就會令寶寶容易含乳。

凹陷乳頭

這是指乳頭凹陷，無法向外突出。兩邊乳頭都是扁平，或兩邊乳頭都是凹陷；或一邊乳頭是扁平，及另一邊乳頭是凹陷，都是完全正常的。但是凹陷乳頭與扁平乳頭一樣，在母乳餵哺時終會遇到挑戰，而且挑戰的程度可能更大。

給乳頭凹陷媽媽的溫馨提示：

· 在母乳餵哺前，用手刺激或用乳頭吸引器擠出母乳幾分鐘，是有效的方法。

· 以前老一輩的媽媽會推薦使用乳房護罩，但是它們穿著較笨重，並在改善乳頭形狀的效用上未能得到任何科學的證明。霍夫曼運動（Hoffman Technique）是另一個改善凹陷乳頭的方法。

· 若果寶寶沒有含乳，媽媽不要立即轉用奶嘴或瓶子，保持耐性，不要放棄，及繼續嘗試。

· 如果媽媽不能單獨處理問題，可以諮詢醫生或哺乳專家。

· 乳頭罩可防止乾裂乳頭進一步受損傷，乳頭罩可用在扁平乳頭、凹陷乳頭及巨大乳頭的媽媽身上。乳頭罩容易在網上或店舖購買，但使用乳頭罩，對某些媽媽及寶寶來説，可能會帶來挫折。所以強烈建議在適當的時候，尋求哺乳專家的意見，並使用乳頭罩。

霍夫曼運動

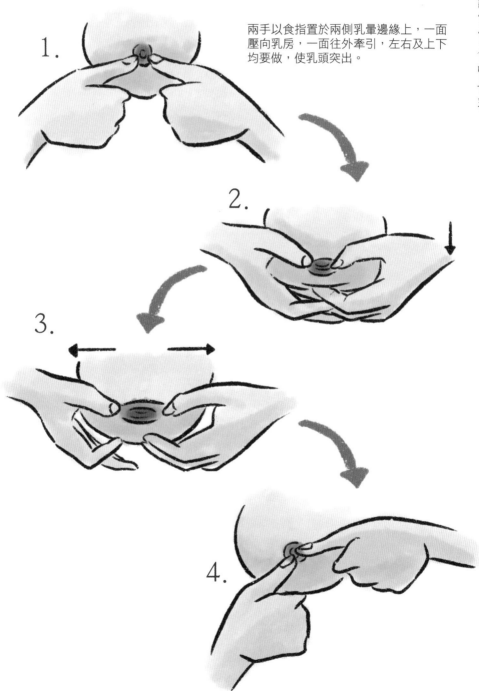

兩手以食指置於兩側乳暈邊緣上，一面壓向乳房，一面往外牽引，左右及上下均要做，使乳頭突出。

1.

2.

3.

4.

巨大乳頭

以我們所知，良好的含乳方式是寶寶能夠把部分乳暈都能夠放進他的嘴裏。這可以刺激乳腺及擠壓輸乳管。若果媽媽有巨大的乳頭，在寶寶出生後的首幾個星期，可能便有含乳的困難。不恰當的含乳會引致寶寶飢餓，乳頭乾裂及疼痛，乳房充血及輸乳管堵塞。當寶寶還很小的時候，巨大乳頭對他們才是問題。但當寶寶逐漸長大，巨大乳頭在母乳餵哺中便不再是問題。

給巨大乳頭媽媽的溫馨提示：

· 在餵哺前，先把乳房擠壓幾分鐘，乳頭就可以拉長及令它們變薄一些。

· 保持耐性，待寶寶完全把口張開，才開始含乳步驟。

· 坐在一個直立的位置，然後用 C 形手勢擠壓乳房，這可令媽媽看見自己的乳頭，然後把它引導到寶寶的口裏。這可以改善含乳及有更佳的母乳流量。

· 若果寶寶是早產嬰，體型很小，在他出生後的幾星期，媽媽便需要把母乳先擠出來，給他餵食，直至他逐漸長大，可以適合含乳餵哺為止。

· 有巨大乳頭的媽媽可能需要得到國際泌乳顧問或經驗豐富的醫生協助，在母乳餵哺開始時，得到國際泌乳顧問的專業指導及家人的精神支持，可以有助媽媽避免挫折及失敗。

真實個案

情節一

我的兒子是透過自然分娩的足月寶寶，分娩期間沒有使用過止痛藥。在分娩當晚，我遇到一個新來的產科護士當值，由於當時忙亂住院，她亦很繁忙，所以不知怎地，兒子出生後，我們沒有立即為他安排含乳。幾星期後，我們已和多位國際泌乳顧問合作，都未能幫寶寶成功含乳。每次當我把乳房遞到他面前，他就哭鬧。我們已嘗試很多方法，如社交網絡服務、轉換不同姿勢、乳頭罩等，但他仍然體重下降，我如何能幫寶寶再次含乳呢？

答案：

幫寶寶成功含乳，把握生產後的時間是十分重要的。如果你已經和國際泌乳顧問合作，你已經獲得最好的專業支援。在這情況下你可以盡量用肌膚接觸，或使用溫水浴的方法。躺在溫水的浴缸中，然後把寶寶放到你的胸部上，為寶寶的背部蓋上毛巾，或找人協助把溫水倒在他的背部，這個像重生的經驗，寶寶或者會對你的餵哺有所反應，若果這個方法仍不行，你應該諮詢兒科醫生有關補充劑的事宜，因為寶寶體重不應下降。

情節二

當我的寶寶在 2 至 3 個月大的時候，他就不願再去含乳，我雖然很想自行餵哺，但他堅拒及哭鬧得很，因此令我很煩亂，又不想強迫他。所以只能以瓶子餵哺，這是否已太遲？為何他哭鬧那麼多及拒絕我的乳頭？

答案：

這有很多原因令寶寶拒絕含乳，若果你之前能正常地進行母乳餵哺，那麼問題與你的乳房無關。你是否改變了乳霜、香水或止汗劑的牌子？把瓶子放近到乳房，當他嘗試去含吮瓶子時，就把你的乳房遞給他，這是個誘餌技巧，成功機會很大。寶寶哭鬧是因為他肚餓及需要食物，不要放棄，繼續嘗試，你將會成功。

情節三

我嘗試餵哺母乳，但乳頭不夠突出。女兒在醫院時，能夠成功含乳，但在家中，我多次努力都未能幫她成功含乳，當她不能含乳，她就哭鬧，令母乳餵哺更困難。我不知道應該怎樣做，我如何令她平靜下來而能夠再次含乳？

答案：

你很可能有扁平乳頭，有幾件事可以做去幫助寶寶吸吮扁平乳頭。在餵哺前，先用幾分鐘擠出母乳，這樣的抽吸可以延長乳頭突出，讓寶寶容易吸吮，用 C 形手勢及 V 型手勢去擠壓乳房，像三文治一樣，乳頭就容易給寶寶吸吮。把寶寶親密地依偎着你，帶她走來走去，就可以讓她冷靜下來。

總結

＊乳房感染或乳腺炎，普遍會出現在母乳餵哺中
　的媽媽。

＊正確含乳是母乳餵哺的成功關鍵。

＊有很多姿勢可以選擇，協助寶寶能正確含乳。

＊在母乳餵哺的過程中，爸爸扮演着一個重要的
　角色。

＊有很多原因導致寶寶有時會拒絕含乳。

＊不同類型的乳頭，如扁平、巨大及凹陷都是正
　常的。了解不同乳頭的特性，有助媽媽母乳餵
　哺寶寶。

Chapter 4

母乳餵哺及
家人支持

母乳餵哺的決心及正面心態

母乳餵哺是天生的過程，但是學習正確的母乳餵哺技巧是必須的。這需要從其他富有經驗的媽媽及哺乳專家中得到教育、支持及鼓勵。除了醫療及身體上的問題，部分媽媽亦會遇到一些心理上的質疑，包括缺乏決心、沒有得到家人和朋友的鼓勵、支持及正確指導，令媽媽們難以享受母乳餵哺的過程。

事實上，抱有母乳餵哺的決心及正面心態，有助媽媽去作出決定及堅持下去。請看看以下有助加強媽媽正面心態及決心，持續地進行母乳餵哺的方法：

相信自己的身體

媽媽應該對自己的本能機制有信心，媽媽天生就有能力去母乳餵哺寶寶，當中遇到一些問題及挑戰是正常的。給自己一些時間及空間，從而適應新的日常程序。

向別人學習

和做了媽媽的朋友傾談關於她們母乳餵哺的經驗，及詢問她們有效的技巧及竅門。與一些曾經歷過和你有同樣問題的朋友交談，將會幫助媽媽抱持正面的心態及希望。朋友們會鼓勵你母乳餵哺是天生的過程，事情很快就會得到解決。

學習放鬆

如果有母乳餵哺方面的煩惱，或難以令寶寶成功含乳，先不要給自己壓力，總有解決問題的方法。只要有一點意志力和決心，任何一位媽媽都可以輕鬆擺脫困境。

懂得向外尋求協助

當媽媽不能獨自解決問題時，知道可以向誰尋求協助是十分重要的。兒科醫生或哺乳專家，都能提供指導，協助每位媽媽渡過母乳餵哺的階段。

肌膚接觸

要達到正確的含乳，沒有比肌膚接觸更好的選擇。肌膚接觸有助媽媽建立母乳餵哺的正面心態，由此而獲得決心去作出行動。

避免定型心態

是否經常在腦中浮現以下想法：

· 「今天母乳餵哺很難做到，儘管我得到幫助，以後也會感到很困難。」
· 「我今天不能完全做得正確，所以我根本沒有可能做得對，所以沒有必要再去嘗試。」

上述類型就是典型的定型心態，在此情況下，媽媽會認為母乳餵哺初期的失敗，就表示她以後都不能成功地母乳餵哺。初期遇到的困難壓倒了她的思想，令她變得灰心。要嘗試避開這個思維方向，擺脫那些負面想法。

採用成長心態

媽媽可以嘗試多去抱持以下想法：

· 「母乳餵哺今天看似困難，但我的寶寶與我會一同繼續嘗試，直到我們可以駕馭為止。」

· 「我應該尋求協助，而我亦將會變得更好。」

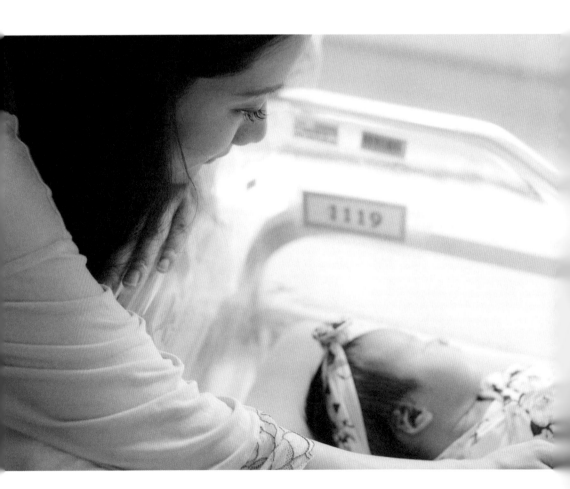

謹記母乳餵哺的重要性

當媽媽情緒及體力都透支的時候,就容易想到放棄母乳餵哺。根據聯合國兒童基金會 2018 年的報告指出,在北美及東亞太平洋區,只有 26% 的媽媽採用純母乳餵哺她們的寶寶直至 5 個月大。

大部分的媽媽在寶寶 6 至 8 個星期大的時候,可能會因產假結束或疲勞的關係不再繼續餵哺母乳,無論是甚麼原因,媽媽都不應因自己無能力繼續餵哺母乳而感到內疚。

對於掙扎在瀕臨放棄階段的媽媽,不妨先問問自己一條問題:當初為何決定要母乳餵哺?在此的提醒是,決定母乳餵哺是因為母乳餵哺有無限的好處。媽媽所做的都是為了寶寶的利益,母乳比配方奶粉優勝很多。

母乳餵哺的最大好處

母乳餵哺有很多好處，而這些好處在配方奶粉中是得不到的。請看看以下一些介紹：

對抗感染

母乳餵哺的寶寶不太容易受感染，與配方奶粉餵哺的寶寶比較，他們較少住院治療。在母乳餵哺期間，媽媽體內的抗體及對抗感染的因子，就會由媽媽的身體傳送到寶寶，加強他們的免疫能力。

母乳亦會幫助寶寶較少患上一系列的問題，包括：耳部感染、胃部問題、胸部感染、腦膜炎、過敏、哮喘，以及將來肥胖。

營養素及易於消化

母乳是完美及完整的食物。母乳是天生為寶寶而設的，它含有的成分容易被寶寶的身體去消化，這些包含乳糖、乳清、酪蛋白及脂肪，對新生嬰兒來說，都是容易被消化，因此接受母乳餵哺的寶寶腹瀉次數較少，沒有便秘。

此外，母乳含有新生嬰兒所需要的豐富維他命及礦物質，但是母乳沒有足夠的維他命 D，所以若果寶寶較少接觸陽光，建議每日服用維他命 D 的補充劑。

母乳

配方奶粉

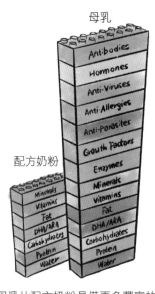

母乳比配方奶粉具備更多豐富的營養素。

母乳是免費的

母乳不用花任何金錢，而配方奶粉則非常昂貴。粗略估計媽媽每年可節省 12,000 港元去餵哺寶寶。還有去醫院的次數亦會減少，意味着使費亦會減小。

培養寶寶對食物的口味

母乳餵哺的媽媽通常每天需要額外的 300 至 500 卡路里，這需要從不同種類的食物中攝取。基於媽媽吃的東西，寶寶透過母乳就可以嚐到不同口味的食物，當寶寶長大及開始吃固體食物時，他們就容易接受這些味道。

省時

母乳餵哺可省卻媽媽來去匆匆往店舖購買配方奶粉的時間，亦免卻不停洗滌、保養及加熱瓶子的時間。

寶寶 IQ 更高

在麥基爾大學加拿大國家研究及應用藥物母嬰中心的米高 · 克拉瑪博士及其同僚於 2002 至 2005 年期間，在白俄羅斯共和國，從 17,000 名兒童中進行研究。該研究得到加拿大衞生研究院的資助，並在同行審評期刊《普通精神病學檔案》刊出。研究指，母乳餵養的嬰兒長大後，相比起食用配方奶粉的兒童有更高的 IQ。

肌膚接觸

母乳餵哺給予媽媽很多與寶寶肌膚接觸的機會，媽媽從中會驚嘆能與寶寶建立如此親密的關係，這內容在書中第一節我們已談論過。

生寶寶前做足準備很重要

大肚的時候,很多人都會問準媽媽:你準備好未啊?

其實有甚麼需要準備呢?除了購買所需的物品之外,建議所有新手爸爸或者媽媽都要參加一些產前講座,以了解多點怎樣去照顧嬰兒、怎樣去餵哺母乳,以及產前產後怎樣去照顧自己等等。多聽取專家和醫護人員的指導,總好過之後被別人(三姑六婆)指指點點。

參與講座的目的,除了增長知識,做好準備之外,對日後有人批評自己,或者被人挑剔怎樣去做一個媽媽或爸爸,媽媽都可以好好去應對,還有對照顧自己小朋友那一套都有絕對的信心。作為新手媽媽或者爸爸,信心真的很重要,尤其是堅持餵哺母乳的媽媽。因為不知從哪時開始,所有人都會對你餵人奶這個決定有不少意見。

每當有產前講座,張嘉兒和老公大多積極參與。

他們可能會問你「夠唔夠奶？」、「識唔識餵 BB？」、「點解唔夠重？」、「你會唔會太辛苦？」，「不如試吓用奶粉」等等的評語。無論善意或是惡意的評語，作為媽媽，如果信心不足，便會很容易被其他人的説話，令到自己情緒波動或者迷失。

不用怕！香港真的有許多產前的講座。有一些付出少許費用就可以參加。政府醫院亦設有很多免費的講座，供市民參與。但是要記得提早登記，因為這些講座都是很快就滿額。

在我懷着第一胎的時候，所有伊利沙伯醫院辦的免費產前講座，我差不多也去齊，那真的給我幫上不少。各位大肚媽媽就記得立即去報名呀！

決定母乳餵哺：生產前該做甚麼？

選擇母乳餵哺這決定是很個人的，但家人的支持能整合母乳餵哺的成功。如果母乳餵哺得到家人及伴侶的支持和鼓勵，媽媽很大機會去開始，及持續餵哺至一段長時間。請看看在生產前後，該做甚麼，從而得到家人的支持。

與家人溝通

對於母乳餵哺的新手媽媽，家人扮演一個重要的角色，就是去鼓勵、幫助及支持她渡過這段時間。關於母乳餵哺，媽媽可以從以下 3 方面和家人溝通：

· 首先媽媽應該嘗試盡所能去了解甚麼是母乳餵哺，一旦確定了母乳對寶寶是最好的，媽媽就應該和家人傾談，分享為何會選擇母乳餵哺，及家人如何作出支援。

· 最重要的是，媽媽應該和伴侶傾談母乳餵哺的好處，以及諮詢兒科醫生的意見，從中獲得指導，並告訴伴侶母乳餵哺對寶寶是最好的，以及你需要他的支持。與伴侶分享自己的感受，讓他知道當你感到疲倦及筋疲力竭時，你很需要他給予支持。一旦確定了母乳餵哺是對寶寶有益的，大家便可以一同達到目標。

- 其他家庭成員在母乳餵哺的目標下亦都是非常重要的，他們可以替媽媽分擔家務瑣事，爭取多點休息的時間。媽媽亦要讓他們知道母乳餵哺得到科學證明，能夠對寶寶帶來最大好處，把有關資料與他們分享，讓他們明白儘管開始時會遇到困難，但大家所做都是正確的。

設立一個共同目標

設立目標表示媽媽決定去做一些事情。根據世界衛生組織建議，純母乳餵哺應該直至寶寶 6 個月大。在日常程序中，媽媽感到疲倦、筋疲力竭及煩躁是正常的。若果所有家庭成員對母乳餵哺的目標都認同及給予支援，事情就會更加順暢。

要實現母乳餵哺的家庭目標，伴侶應是首個支持媽媽的人，並時常陪伴左右。你們一起與其他家庭成員分享母乳餵哺的決定，及告訴他們需要他們的支持和合作。

決定母乳餵哺：生產後該做甚麼？

家人支援

其中一個最常令人放棄母乳餵哺的原因是缺乏家人的支持。照顧新生嬰兒是一項挑戰，所有媽媽都需要實質的幫助及支援。在母乳餵哺期間，如何得到家人的協助？

在母乳餵哺期間，媽媽日常生活的程序會有別於其他人，大部分時間都需要餵哺寶寶，尤其是在午夜。媽媽會缺乏睡眠及感覺疲累。對此有很多方法讓家人在此階段給予協助及支持。

伴侶給予最佳支援的方法

作好準備

爸爸可以陪伴媽媽一起上堂，或是閱讀有關母乳餵哺的資料，從而了解在母乳餵哺過程中，媽媽所面對的經歷。每當媽媽在母乳餵哺中遇到問題，爸爸成了首個可以與媽媽傾訴的人。如果爸爸有母乳餵哺的基本知識，就可以安慰媽媽，了解問題及從中幫她解決。

給予支持

爸爸應該支持媽媽母乳餵哺的決定，當遇到困難時，沒有立即建議改用配方奶粉，是對媽媽提供情感支援的好方法。爸爸可以叫媽媽放鬆，幫助她建立正確的含乳姿勢。深夜時，幫忙換尿片及搖抱寶寶入睡，是對媽媽最好的幫忙。

做個看門人

每人對母乳餵哺都有個人看法，我們不能阻止其他人的意見。但是爸爸可以保護伴侶，向其他人表示這是你們家的選擇，或決定是由醫生建議。避免負面言詞影響媽媽，是對新手媽媽最大的幫助。

做媽媽的看護人

新手媽媽通常沒有足夠的時間去安頓一餐飯或享受沐浴，為了確保媽媽吃得好，給她肩膀，讓她

放鬆。爸爸亦可以在媽媽淋浴或吃飯時幫忙照顧寶寶，讓她有少許私人時間。

雖然一些家務事項需要去完成，但爸爸（或媽媽）應把重點放在優先事項上，把不必要的事情暫時擱置下來，優先考慮寶寶。一項研究顯示，爸爸在此期間過分關注家務，可導致縮短母乳餵哺的持續時間。爸爸應該把時間奉獻給媽媽及寶寶， 所以此時最好只關注必要的事項，而其他的事情就暫時放在一邊。

做寶寶的看護人

雖然在寶寶進食固體食物前，父母都無法幫忙給他餵食。但父母可以幫忙照顧寶寶其他需要，如帶他出去散步。如果寶寶在午夜時哭鬧，就安慰他。寶寶需要多次更換尿片，家人便可以給予幫忙，以省卻媽媽的時間及精力。

保持耐性

新手媽媽由於面對荷爾蒙的改變，情緒會變得急躁及易怒，可能一時高興、一時悲傷。還有因為頻密餵哺寶寶的關係，令媽媽大部分時間也感到疲累，爸爸需要明白媽媽，或者有一段時間未能像以往般給予關注。如果爸爸在此時保持耐性，是對媽媽最大的幫忙及支持。爸爸在耐性及愛方面的付出，是十分重要的。

做個體貼的男人

營造一個舒適的母乳餵哺環境給太太，比如座椅應該是舒適的，媽媽可以舒適地背靠在椅上，令自己不會過度疲累。

枕頭：可以用床或枕頭去支撐媽媽或寶寶，哺乳枕頭在這方面亦是很有效用。

為她而做的咖啡館

母乳餵哺會令媽媽極度口渴及時常感到肚餓，因此為媽媽保持水分是首要的事，水樽要陪隨她左右，小食、新鮮生果及蔬菜汁也應該放在她的附近，用品放在她身旁，為她提供額外的舒適。

少批評

在這脆弱的時間，爸爸媽媽應該留意互相的批評，及如何做事會影響彼此的關係。在疲倦時，會容易變得衝突及挑剔；所以應多嘗試去讚美對方，把瑣碎的事情放開一點。謹記，大家是一起做最好的事，你們兩人對寶寶作出最佳的護理是最為重要。爸爸需要分擔責任及彼此鼓勵。

觸摸寶寶

對，爸爸一樣可以作肌膚接觸。把只穿上尿布的寶寶躺在你的胸膛，你與寶寶之間的接觸，就是肌膚接觸。對新生嬰兒來說，爸爸永遠不應被遺忘，當媽媽不在母乳餵哺時，爸爸應該花一些優質的時間與寶寶一起。爸爸做肌膚接觸有以下好處：

· 幫助寶寶腦部發展
肌膚接觸可以帶給寶寶多重感官的體驗，這可加速腦部成熟的發展。另有研究顯示，袋鼠護理法的嬰兒，花很多時間在睡夢中，可以增強大腦的組織模式及減少嬰兒的壓力反應。

· **讓寶寶平靜及紓緩情緒**

爸爸直接的肌膚接觸超過 20 分鐘，可以有助寶寶放鬆，從而令他的壓力荷爾蒙水平獲得顯著降低，令寶寶哭鬧減少及減少煩躁。

· **寶寶獲得較佳睡眠質素**

兒童的腦部發展是基於寶寶有多少的優質睡眠時間。觀察顯示，當媽媽休息時，爸爸作肌膚接觸，有助寶寶很快入眠，及得到起碼 60 分鐘的深度睡眠。

· **刺激消化系統及增磅**

肌膚接觸可減少寶寶的壓力荷爾蒙，有助較佳的營養吸收及消化，減少腸胃問題。

· **心跳及呼吸同步**

與爸爸肌膚接觸，寶寶的身體會學習調節心跳及呼吸模式。有時爸爸不能夠理解在母乳餵哺期間他們可以如何投入，希望透過此部分的內容，有助爸爸媽媽得到愉快及難忘的母乳餵哺經驗。

如何照顧自己的情緒？

處理批評

不幸地，很多父母因作出母乳餵哺選擇而受到批評，陌生人很少對你作出批評，而他們亦很容易去處理，因為你與他們沒有情緒上的聯繫，你亦很大機會不會再遇到他們。

但是若果那些批評是來自家庭成員或親戚，這就叫人心碎，因此更難以處理及很難忍受。有時一些與你很親近的人，例如長輩，尤其是你的父母，如果你的養育方法與他們不同，就好像對他們的養育決定作出直接攻擊。

他們或者會認為接受你的選擇，就是否定他們。在這情況下，應該明確表示你的選擇不是對他們作出判斷，而是由於彼此得到不同的資訊。謹記，家庭成員或朋友儘管說話不適當，對你作出母乳餵哺的負面批評，但他們對你及寶寶都是出於一份關心的。

應對批評時可採用以下一些方法：

教育他們

有些人對母乳餵哺給媽媽與寶寶的好處不知情，他們不知道有大量研究數據驗證及科學上支持母乳餵哺的觀念。

向他們陳述科學事實

打印一些書本上的資料，並把它放在家中。當有人評擊你時，有禮貌地給他們看，這不是因為想去證明你的觀點，而是為了想給寶寶最好的。

回應關注

首先嘗試去找出他們認為母乳餵哺的問題及否定的原因。透過了解，可以清晰地指出他們的錯誤，理解他們的感受有助你如何作出反應。

表達感受

真誠地與反對母乳餵哺觀念的人傾談，要明白不支持的人的說話會對你造成傷害，所以應該停止。若果寶寶已長大些了，開始比較敏感，他們的說話會對孩子造成害怕及困惑。

引用權威

一些人未必會聽從你，但他們會考慮醫生或其他專業人士的意見。告訴他們母乳餵哺是得到醫生的建議，若果你的醫生是支持母乳餵哺的，帶來不支持的人去見醫生，讓他們聽從醫生的說法。

你亦可以告訴他們美國兒科學會建議母乳餵哺應該持續至少 12 個月，之後就視乎母子間互相的期望。還有，世界衛生組織建議寶寶要接受餵哺母乳至少兩年時間。

笑笑就算了

另一個令反對者安靜的方法就是笑笑就算了，你可以用笑話或微笑來回應。

改變話題

當你不想去處理批評時，可以避免這個話題。可以禮貌地改變話題，或帶出其他內容。你亦可以離開往另一個房間餵哺寶寶，其他人就不能直接去評論你。

心態堅定

有時你要表現堅強，禮貌及堅定地告訴別人，這不是他們的事情，這完全是你個人的養育決定。你可以拒絕談論此話題，每當他們提出這話題時，你可以說它適合你。

當得不到家人的支持，你應如何處理情緒？

當家人不支持你做母乳餵捕的決定時，你會很難控制自己的情緒，以及難以忽視他們的感受。你希望他們支持自己的決定，及在此階段伴你左右。處理這種情緒是很困難的，但你亦應為自己發聲，尊重自己的感受，向他們表示自己的決定是為了給寶寶帶來最好的。

情緒低落

無精打采

食慾下降

易哭泣

易疲倦

胡思亂想

失眠

焦慮.

如何快速地評估自己是否患上產後抑鬱？

有幾個症狀可以助你識別產後抑鬱症，請誠實地回答以下的「愛丁堡產後抑鬱量表」，這是一個有效的評估工具，並可計算分數，如有 12 分或以上，便要尋求專業人士及醫護人員的協助，看看自己是否有輕微的產後抑鬱。

愛丁堡產後抑鬱量表

在過去 7 天，包括今天：（請圈上答案，括號內為分數）

A. 我能看到事情有趣的一面，並笑得開心：

☐ 同以前一樣 （0）

☐ 沒有以前那麼多（1）

☐ 肯定比以前少（2）

☐ 完全不能（3）

B. 我欣然期待未來的一切：

☐ 同以前一樣（0）

☐ 沒有以前那麼多（1）

☐ 肯定比以前少（2）

☐ 完全不能（3）

C. 當事情出錯時，我會不必要地責備自己：

☐ 大部分時候這樣（3）

☐ 有時候這樣（2）

☐ 不經常這樣（1）

☐ 沒有這樣（0）

D. 我無緣無故感到焦慮和擔心：

☐ 一點也沒有（0）

☐ 極少有（1）

☐ 有時候這樣（2）

☐ 經常這樣（3）

E. 我無緣無故感到害怕和驚慌：
☐ 相信多時候這樣（3）
☐ 有時候這樣（2）
☐ 不經常這樣（1）
☐ 一點也沒有（0）

F. 當很多事情衡着我而來，使我透不過氣：
☐ 大多數時候我都不能應付（3）
☐ 有時候我不能像平時那樣應付得好（2）
☐ 大部分時候我可以應付自如（1）
☐ 一直都能應付很好（0）

G. 我很不開心，以致失眠：
☐ 大部分時候這樣（3）
☐ 有時候這樣（2）
☐ 不經常這樣（1）
☐ 沒有這樣（0）

I. 我不開心到哭：
☐ 大部分時候這樣（3）
☐ 頗經常這樣（2）
☐ 不經常這樣（1）
☐ 沒有這樣（0）

H. 我感到難過和悲傷：
☐ 大部分時候這樣（3）
☐ 頗經常這樣（2）
☐ 不經常這樣（1）
☐ 沒有這樣（0）

J. 我想過要傷害自己：
☐ 頗經常這樣（3）
☐ 有時候這樣（2）
☐ 很少這樣（1）
☐ .從來沒有（0）

資料來源：
Cox,J.L. Holden,J.M. & Sagovsky,R. (1987). Detection of postnatal depression. Br. J. Psychiatry 150:782-786.
Lee, D., etal (1997) Detecting postnatal depression in Chinese. Br.J.Psychiatry 172:433-437

真實個案

情節一

我的奶奶覺得女兒哭鬧是因為她肚餓,所以認為我的母乳對女兒並不足夠。她這樣說令我感到很大壓力及不開心,我應該如何處理?

答案:

你應該放鬆,及先諮詢你的兒科醫生。在下次與醫生見面時,應帶同你的奶奶一起,讓醫生向她解釋實際的情況。你亦可以向她準備一些資料,從而解釋你的立場。

情節二

我的丈夫希望我停止母乳餵哺,因為他看到我不停地苦撐着,得不到足夠的睡眠。我覺得很迷失,不知道應該是否繼續下去。我覺得他對我的支援不足夠,因此只叫我放棄。我應該如何是好?

答案:

許多時,日常的母乳餵哺程序會令媽媽感到疲累及體力透支。你的丈夫希望你停止母乳餵哺,是因為他愛你,希望你可以放鬆下來。溫柔地告訴他你想繼續母乳餵哺,是因為母乳能帶給寶寶最好的營養,你需要他的支持與鼓勵去渡過這階段。謹記,有效的溝通是關鍵。

真實個案 ｜ 情節三

兒子在增長曲線上的百分比只有 5%，我的媽媽說兒子未能增磅，是因為我的母乳比不上配方奶粉般營養豐富，我感到很失敗。這是我的錯嗎？我的母乳是否對兒子不足夠？

答案：
你應該諮詢你的兒科醫生及找出真正的問題所在，諮詢合適的專家是唯一的方法去找出寶寶是否需要配方奶粉。母乳相比起配方奶粉更有營養價值，這是無庸置疑的。針對寶寶體重而言，醫生最能夠指導你。

總結

＊媽媽需要有正確及正面的心態、決心去餵哺母乳。

＊不要用配方奶粉，母乳餵哺有非常多的好處。

＊為母乳餵哺訂定共同的家庭目標是最好的主意。

＊爸爸可以做肌膚接觸及幫助媽媽。

＊家人可以幫媽媽處理家務瑣事，讓她得到休息。

＊面對其他人及家人的批評，媽媽需要堅定及決心。

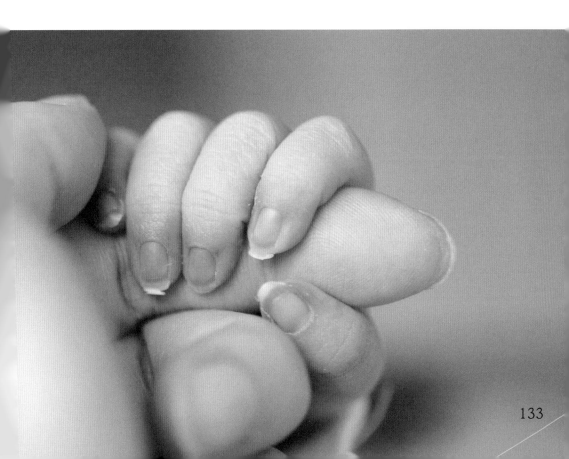

產後回歸工作如何過渡？
如何在公眾場所
餵哺母乳？

計劃母乳餵哺的策略

是時候回去上班工作了，很多母乳餵哺的媽媽都關心回到職場後，如何繼續餵哺母乳。回歸職場，並不表示就要停止母乳餵哺。

當產假完結後，媽媽要上班去，當想到如何繼續母乳餵哺的日常程序，感到擔憂是正常不過。事先計劃母乳餵哺的策略，有助過渡這個階段，儘管產假已結束，媽媽亦可以繼續享受母乳餵哺的樂趣。

職場上，母乳餵哺的媽媽面對的挑戰

當媽媽要在工作間母乳餵哺，看看她們所面對的主要挑戰是甚麼？

某些國家的產假日數太短

當新手媽媽想延續母乳餵哺至少 6 個月至一年時間，缺乏產假或產假太短，都是她們面對的最大障礙。當她們回歸工作後，會時常感到缺乏支援。較短的產假對她們造成很大的困難及挑戰，因為要找法子繼續處理餵哺的日常程序之餘，亦要同時兼顧工作的承諾。

很多媽媽都覺得在跟上工作進度之餘，同時要找時間擠奶，對她們是很大考驗，因為很多工作場所都沒有提供支援母乳餵哺的設施。不少媽媽都

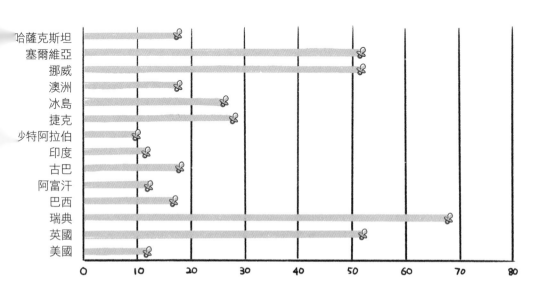

不同國家的有薪產假日子

認為在家的媽媽容易餵哺寶寶至 2 歲，但在職媽媽就根本不可能。產後 6 星期就回歸工作，在工作間餵哺母乳，是對在職媽媽最大的挑戰。

僱主不支持

因產假較短而被迫回去上班，或是選擇早些回歸職場，無論如何，在工作間母乳餵哺的媽媽，都面對很多問題。她們在職場通常得不到足夠的支援，僱主可能會對她們施加壓力，因為她們需要較長時間的小休，或對她們的工作需要特別妥協處理。

在辦公室及公眾場所缺乏設施

很多女性都認為辦公室沒有設置母乳餵哺的設備，或其他可供選擇的地方去哺乳。繁忙的工作時間亦不容許她們在特定的時間下處理母乳餵哺的安排。女性要知道她們應享有產假的權利，有薪產假及環境設施，方便媽媽擠奶及儲存母乳。工作時，如有餵哺的小休時間，有助新手媽媽給寶寶提供更佳的照料。同樣地，某些公眾空間缺乏母乳餵哺的設施，亦會限制媽媽的活動範圍。

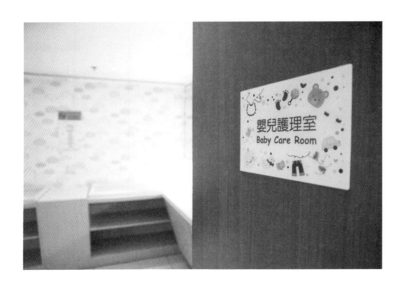

中國文化不接受及感到難為情

在某些國家，女性會因在公眾場所母乳餵哺而感到難為情。雖然現時有反歧視的條例，但是很多女性仍然會被勸阻在公眾場所餵哺母乳，認為那是不適宜。加上，社區缺乏援助，當地的企業不支持的態度及觀念，都會引致她們放棄母乳餵哺。

研究顯示，不同地區對母乳餵哺有各異的態度。在法國 41% 的媽媽及在中國 47% 的媽媽，對於在公眾場所母乳餵哺，大多有難為情的經歷。但另一方面，只有 7% 的匈牙利媽媽及 13% 的墨西哥媽媽感到難為情。不同文化及人們的心態對在公眾場所母乳餵哺的觀念及接受程度均有很大的影響。

在產假結束後回歸工作，對媽媽而言是情感體驗。我們在前部分的內容談論母乳餵哺的媽媽在職場所面對的挑戰。不過，若事前有少許的計劃及準備，媽媽就可以順利過渡回歸工作，輕鬆處理所面對的事宜。

上班前的計劃

請看看以下的方法如何幫助媽媽順利過渡回歸工作：

與上司溝通

這是成功的關鍵，向上司告知你不想工作及家庭受到影響，所以需要有小休去餵哺寶寶或擠奶。

初期兼職形式，及後逐漸增加工時

回歸工作的初期，可以在開始工作時的頭一個星期上班幾天，及後慢慢增加至整個星期。這可以有助你及寶寶適應新的餵哺技巧及時間表。

改變時間表

改變你的時間表是一個很好的選擇。在產假期間，媽媽可以隨時母乳餵哺及擠奶。但當回歸工作，就需要改變以往的時間表。

安排泵奶時間表

對於媽媽及寶寶來說，工作前及工作後安排擠奶時間，是最好的日程，由此便不會妨礙媽媽的工作。

計劃時間表

能事前計劃，當然是最好的。可以坐下來，靜靜想一想，當上班後日常程序會如何改變，這樣你就可以決定如何處理在工作期間母乳餵哺，及擠奶的安排。

採用哺乳毯子

在市面上可以購買很多不同種類的哺乳毯子，當你在公眾場所找不到適當的育嬰室時，就可以蓋上毯子去餵哺寶寶或擠奶。

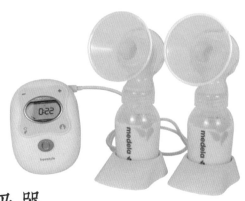

泵奶器

泵奶器可說是最關鍵的物品。選擇泵奶器看似是一件很容易的事,但最重要的是,選擇一個適合在工作間使用。哺乳專家可以提供最佳資訊,但如果沒有得到諮詢的話,以下有幾個提示可以參考:

雙泵功能的泵奶器。

142

可攜性

選擇手提式的泵奶器，輕便及容易攜帶，同時可以靈活使用插電或電池。

雙泵功能

一些媽媽會使用有雙泵功能的泵奶器，因為可以在兩邊乳房同時擠奶，更有效率。

手動或電動泵奶器

如想有更佳效率，可以選用電動泵奶器。它的缺點是攜帶時較為笨重。手動泵奶器可能效果不及電動的，但通常易於擺放在手提包中。

乾電或濕電泵奶器

若果你需要每日多次擠奶，用電池使用的泵奶器，可能一天內很快就無電，所以最好還是選用插電的泵奶器。

查看保險計劃

建議向你的保險經紀查詢相關的保險服務計劃，因為有些計劃可能包涵泵奶器的使用費。

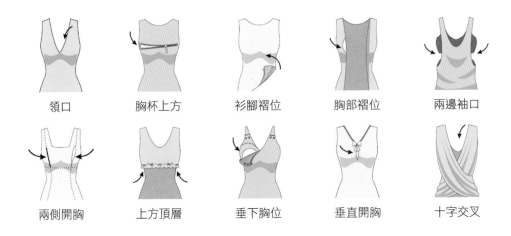

| 領口 | 胸杯上方 | 衫腳褶位 | 胸部褶位 | 兩邊袖口 |

| 兩側開胸 | 上方頂層 | 垂下胸位 | 垂直開胸 | 十字交叉 |

母乳餵哺衣服不同的開口位置

母乳餵哺衣服

購買或縫製特別為餵哺母乳而設計，適合在公共場所，或職場穿著的衣服。這些衣服都有隱藏的開口，方便母乳餵哺。亦可以用現有衣櫃裏的衣服，自行縫製一件適合哺乳的裝束，請看看以下細節：

- 寬鬆的圓領汗衫是很好的選擇，因為媽媽可以簡單地把衫的一邊翻上去，就可以餵哺寶寶以及擠奶。由於寬鬆的關係，有額外的布料去覆蓋肚子及乳房。
- 鈕釦襯衫亦是一個好的選擇，因為從上解開鈕釦，就可以餵哺寶寶及擠奶。
- 羊毛衫、夾克，或鬆身可以解開鈕釦的襯衫，亦可作為哺乳的毯子。
- 把一件緊身的背心，在前面剪兩個足夠大的裂縫，造成合適的位置，讓媽媽進行母乳餵哺或擠奶。把背心穿在襯衫或汗衫裏，或外面再套上夾克。

孭帶或背帶

- 嬰兒背帶的布料是很有用的，既可以覆蓋寶寶，亦可以覆蓋媽媽的乳房。
- 使用之前，可以多做練習，只要有了足夠的練習，媽媽就可以用任何款式的孭帶或背帶去餵哺寶寶。
- 由於使用方便，媽媽可以輕鬆地走路，這樣即使母乳餵哺期間，也可舒適地周圍行走。
- 媽媽可能需要穿上腰封，去遮蓋肚子。

乳罩

- 選擇乳罩時，宜選用穿着方便的款式。其中，很多媽媽都覺得具彈性的運動型乳罩最舒適。
- 乳罩容易處理，媽媽只需要簡單拉下乳罩杯，就可以餵哺寶寶。
- 哺乳胸罩最合適，但是媽媽需要在家中練習如何單手解開乳罩（然後扣上，重複再做），直到有信心在公眾場所處理為止。

在手提包內的其他必須品

手提包放上太多東西會令人難以處理，建議確定把多餘的東西拿走，只剩下有用的物品。以下一系列物品，是媽媽必須放在手提包內的：

密封保鮮袋

密封保鮮袋是儲存母乳的最佳選擇，它們有雙重密封設計，具有防漏功能。

有蓋的泵奶瓶

泵奶瓶可以把母乳直接泵入瓶中，然後儲存在電冰箱或冷藏箱中。

一包白色薄膜

白色薄膜有助吸入泵奶器，它們亦是最易磨破及發霉的東西，但要留意，有些泵奶器不需要薄膜。

微波快潔袋

只需要把袋放入微波爐，無須使用化學劑，便能夠快捷、安全又方便地消毒泵奶器、奶瓶、奶嘴等哺乳用品。

乳墊

乳墊亦可以説是吸濕墊，可以在媽媽完成母乳餵哺後，吸收流出的奶水。

一小瓶洗手液

洗手液可有效及方便地清潔媽媽的雙手。

濕紙巾

在母乳餵哺或泵奶的過程中，遇上溢奶，便可用上濕紙巾。

額外多一套擺放在辦公室的物品

· 一包泵奶器所用的帶電電池。
· 備用乳墊。
· 額外的濕紙巾。

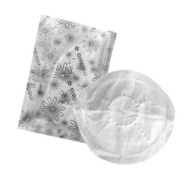

宇宙最棒的女強人

在這個世界其中一樣最困難的事情莫過於就是，又要返工，又要泵奶。雖然我沒有一份全職的寫字樓工作，但是我都試過在女兒 4 個月大的時候去了拍劇。那時候，女兒還未開始食固體食物，我仍然是全母乳餵哺。還記得，每一次未輪到我「埋位」拍攝的時候，或者「放飯」，我就會去休息室泵奶。可以用一個字來形容——「劫」。

其實我都算幸運，起碼公司有一個舒適的休息室讓我去做這件事。每次我泵完奶都會將奶放在一個盒子裏，寫下自己的名子，然後擺放在公司的冰櫃。其實，在香港並不是有很多商業機構會全力支持媽媽在工作時泵奶。所以不少媽媽也真要想辦法，看看怎樣可以在工作期間做到這件事。

不過，回想那段時間最辛苦的並非只是劫，最難過的地方是，拍攝時間通常都在凌晨時分。我透過電話，看到屋企的情況，每晚女兒「扎醒」就要搵我。她習慣了「埋身」飲奶，有時亦不太願意用奶樽。看到她在家中很需要我，我又不在她身邊那種感覺才是最難受的。哈哈，所以我拍完那一輯電視劇之後，已經無再拍了。

香港的媽媽其實是特別厲害的。因為這個城市的產假真的很短。要返工的媽媽內心一定非常之掙扎。雖然不捨得 BB，但是為了搵食。希望所有媽媽都可以找到一個平衡點。你們個個都是「叻叻豬」呢！

回歸工作前一周：預備在工作間擠奶事宜

當媽媽決定在工作間擠奶，需要處理以下各事項：

如何與上司傾談需要在工作間泵奶？
在工作間擠奶，看似叫人難以面對，因為有很多事情需要去處理，與上司傾談擠奶是其中一項。你或者會因傾談泵奶這件事而感到很尷尬，只要一想起，就已經面紅耳赤起來。不過，在此情況下，溝通是必須的。儘管上司是一名沒有孩子的中年男士，你或者會認為要他明白你的處境，是一件為難的事。但要記住，你不是孤單的，很多在職媽媽同樣面對這問題。

以下各溫馨提示有助媽媽處理與上司傾談的處境：

自我教育：首先要教育你自己明白一點，就是作為員工的權利，閱讀相關的資料，有助你能清楚地向上司表達，請他在工作間提供合適的場所和設施來擠奶。

向其他人學習：環顧四周的同事，看看有沒有「同路人」也是剛生完寶寶的，並打算在工作間擠奶。有的話，便可主動向她們查詢公司有哪些房間可作擠奶。

與人力資源部接觸：與人力資源部的經理傾談，詢問公司有否就哺乳媽媽提供相關的友善政策。

預約會面傾談：安排與上司會面，傾談有關產假完結後，回歸工作時哺乳的計劃。

排練：在與上司會面前，可自行排練預計會傾談甚麼內容，讓自己感覺舒服地處理。你與上司商討的事情，視乎你之前如何計劃。

以下是一些需要向上司表達的事項：

· 首先要討論當你回歸工作時，你有甚麼想法和期望？你如何計劃產後回歸工作中？

· 與上司溝通，向他告知你餵哺寶寶的計劃，及將會在工作間擠奶，與他討論在工作期間，多次擠奶所需要的時間。

工作間擠奶前的準備：

以下幾個溫馨提示給在職媽媽，令擠奶變得更容易處理：

在家練習擠奶：在上班前幾個星期便練習擠奶，有助媽媽更有信心及感覺自在，這練習有助流出奶水，及預計擠奶需要花上多少時間。

至少提前一天準備：盡量提前一天做準備，以防在正式工作當日會很繁忙，抽不到時間擠奶。

早上最適合：由於清晨時段乳房較為脹滿，所以較容易擠出奶水。

保持耐性：剛剛開始時，你或者會感到奶水不足夠，但只要保持耐性，之後一定可以擠出更多奶水的。

請記着，如果媽媽懂得如何在工作場所擠奶，就不會感到難以處理。

在工作場所，哪裏可以擠奶？

· 僱主可能已提供一個適合哺乳媽媽休息的地方。

· 當需要擠奶時，僱主可以提供一個乾淨、溫暖的私人房間給需要擠奶的媽媽。

· 這可以是一個空置的房間或會議室，甚至是一個寬敞、乾淨的儲物室，內裏有椅子、枱子及電源插座供你泵奶所用。

廁所的卧室不是一個適合擠奶的地方，如果沒有其他地方，亦有以下選擇：

· 在午膳期間，安排前往公司附近的育嬰中心去餵哺母乳。

· 尋找就近公司的地方去擠奶，例如朋友家中或附近商場的哺乳室。

· 嘗試與僱主傾談彈性上班時間。

· 又或者可以混合使用配方奶粉和母乳餵哺。

如果以上沒有一項適合可行的，那麼以下介紹的哺乳毯子便大派用場。

如何同時使用泵奶器及哺乳毯子？

當母乳餵哺時，哺乳墊子是一塊布可以覆蓋你的乳房，以防給陌生人看見。

哺乳毯子有 3 個基本功能：

1. 它可以適當地覆蓋暴露的地方，哺乳毯子應該覆蓋你的乳頭、乳房的頂部及兩側。

2. 它可以讓寶寶呼吸，毯子覆蓋寶寶之餘，亦需要讓空氣流通，讓寶寶可以呼吸。

3. 它可以容易清洗，即使母乳漏出或寶寶吐奶，都會時常弄髒哺乳毯子及令它發臭。布料應該是容易清洗及易吹乾。

市面上很容易找到不同款式的哺乳毯子，例如特別設計的圍巾、斗篷或襯衫。否則亦可以用上嬰兒車蓋子，作為哺乳毯子。你或者可以用嬰兒車上的鈎子去掛起哺乳毯子，那麼何時何地，當你有需要餵哺寶寶，就可以用上。

在工作中泵奶

媽媽應該如何在工作中擠奶？

媽媽在工作中擠奶的時候，應該要放鬆心情，以及想着寶寶，可以看着寶寶的相片，相信有助製造更多的母乳。擠奶時需要以下東西：

· 一個泵奶器，無論是手動的或電動的。
· 一個已消毒的容器，例如水壺（若果媽媽是用手擠奶）。
· 已消毒的瓶子或母乳儲存袋。
· 乳墊，以防奶水漏出。
· 內有冰袋的冷藏袋及儲存箱，或迷你手攜冷藏箱，用以儲存母乳，及把它帶回家。

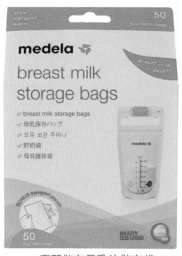

專門儲存母乳的儲存袋。

這完全取決於你在甚麼時候及需要多久時間去擠奶，這是基於你覺得擠奶有多容易，寶寶需要多少母乳，及當你不在寶寶身旁時，預計他需要餵哺多少次。每日兩次擠奶，大概是最切實可行的，這亦足夠保持母乳供應。

在工作間如何儲存母乳？

新鮮的母乳需要儲存。

· 可以儲存在室溫介乎 66-78°F（18~25°C）的枱面，或枱子約 4 至 6 個小時。房間越冷，讓它保持新鮮的時間越長。

· 在內藏冰袋的保溫箱，母乳可持續保存至 24 小時。冰袋應該可保持母乳溫度介乎 5°-39°F（-15 至 4°C）。

冷藏母乳

如果你想母乳新鮮及可用，冷藏母乳十分重要。

冷藏時間跨度
在電冰箱，儲存母乳的溫度要在 39°F 或 4°C 以下，儲存介乎 3 至 7 天。

小冰箱
若果你有能力負擔，或在辦公室，或在工作枱下，若有足夠的空間，可購買一個小冰箱。

· 工作枱下若有足夠的儲存空間，可供存放小食、水或你珍貴的母乳。

· 詢問人力資源部，取一個小冰箱。很多公司都容許新手媽媽有一個小冰箱，只要是用作儲存母乳之用。

冷凍母乳

你亦可以冷凍母乳，稍後再用，注意如下：

- 冷凍時間：母乳儲存在冰箱，可達 3 至 6 個月。3 個月是最適宜的效果。
- 冷凍的理想地方：在門上或門的周圍溫度變化最大，所以最理想是把母乳放在遠離冰箱門的位置及中間的架子上。

母乳儲存方法及時間表

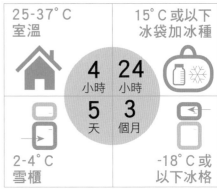

資料來源：衞生署

解凍母乳

請看看你可以如何解凍母乳及使用它：

- 永不在室溫下解凍：永遠不在室溫下儲存母乳。
- 解凍一整夜：放在冰箱解凍一整夜，及在 24 小時內給寶寶飲用。
- 永不重新冷凍：就好像其他動物產品，當完全解凍後，母乳需要在 24 小時內消耗或丟棄。

已擠出的母乳指引（適用於健康足月嬰兒）		
	新鮮擠出的母乳	解凍母乳（早前已凍結）
室溫	4-6 小時 66°to78°F（19°to 26°C）	不能儲存
冰袋	24 小時 <59°F（15°C 或以下）	不能儲存
雪櫃	3-7 日 <39°F（<4°C）	24 小時內使用
冰格	3-6 個月 <0°（-18°C 或以下）	永不重新冷凍的母乳
低溫冷藏箱	12 個月 （6 個月最適合）	永不重新冷凍的母乳

個人分享

以為餵了些已壞的人奶給寶寶

作為新手媽媽其實要學的東西真是無窮無盡。原來連冰奶都是一個學問。當然除了你要知道人奶入冰箱，或在室溫可以儲存幾長時間這個基本常識之外，人奶儲存在冰櫃內有少少化學變化大家都可以了解一下。

我記得有一次又是去工作，返到屋企，老公話BB完全不肯飲奶。我靈機一觸就去聞一聞他解凍了的奶，嚇我一跳，臭的！我都不知那種味道是屬於臭，還是「羶」，總之我就真的「飲唔落」，難怪BB不肯飲。心想飲了都不知道會否肚仔痛。

157

之後我就做了一連串的資料搜集。發現原來冰過的奶是有這個味道，不能代表它是壞了，不會肚痛的。原因是人奶裏有脂肪脢（lipase）。脂肪酶的作用是分解脂肪，幫助消化。當奶貯存在雪櫃內一段時間，脂肪酶亦會繼續分解人奶內的脂肪，令奶的味道會有少少改變。雖然人奶經「雪過」後可能會「變咗味」，不過絕對安全的。大家可以放心。

如果你的小朋友沒有我女兒的嘴刁，那就無問題。但是如果 BB 不肯飲的話，大家就要想想辦法，或者不要把人奶冰得過久，早一點給 BB 飲了。另有一事可以建議的就是，無論 BB 飲不飲，千祈不要浪費人奶啊！可以試下用這些寶貴的人奶來沖涼，做肥皂，或者首飾都得。

公眾地方泵奶及母乳餵哺

如何在公眾場所尋找哺乳室？

當新手媽媽要去商場或公園等公眾地方時，她們會希望能夠找到哺乳室。請看看以下兩個方法，參考如何在公眾地方尋找哺乳室。

問問周圍的人：你可以向攜帶嬰兒的媽媽，或是在商場的服務台詢問大廈內有否哺乳室。這是十分有效的方法。

利用科技：在智能手機中，有一些應用程式，可助在你的位置定位找到哺乳室。

在公眾場所餵哺母乳或泵奶的提示：

有時媽媽需要在公眾場所餵哺母乳或泵奶，可選擇以下你的位置：

尋找舒適的地方：一個讓你可以舒適坐下來的地方，最好座位背部有支撐。

隔離：找一處其他人不太看得見你的地方。

當你有需要泵奶或母乳餵哺時，可考慮以下地方：

外出用餐：在餐廳內，如果沒有護理室，你可以選擇背着其他人的枱子，坐在封閉的桌子裏面，意味着只有和你用餐的人看到你。

商場：在商場裏，女士較喜愛更衣室，因為比洗手間較好。你亦可以找一個隱藏在大型植物，或柱子後面的長椅上坐下來餵哺母乳。

在巴士上：靠近窗口的座位，令你不太容易讓其他乘客看到。

在公園內：在室外，你可以坐靠着樹或長椅的地方，這可支撐着你的背部。

轉身含乳
當寶寶開始含乳時，你的皮膚最明顯被人看見。如果在公眾場合，你可以轉身面向牆壁，讓寶寶含乳，就不會被別人看見，之後再轉過身來。當寶寶完成餵哺後，你可以重複以上的動作。

遮掩是個辦法
如在公眾場所母乳餵哺，感到尷尬及不自在，遮掩乳房及寶寶是一個辦法，市面上售賣的哺乳毯子之前已提及過很有用。以下是一些需要留意的事情：

練習：你首先需要用毯子在家練習，因為寶寶通常不喜歡被遮蓋頭部，他們可能會因而大驚小怪，把它扯下來。

背着面：就算使用哺乳毯子，你也可能不得不轉身去幫寶寶含乳，因為你需要看到寶寶如何含乳。

遮蓋或不遮蓋：很多母乳餵哺的支持者都主張不遮蓋，因為她們想傳播母乳餵哺是自然的觀念，及不存在猥褻及令人尷尬。但是對某些女性及文化而言，使用遮蓋布是因為在公眾地方暴露乳房，令她們感到不舒服。

用微笑去化解
當你母乳餵哺時，察覺到有人望向你的方向或向你皺眉，你可以用微笑去忽視他們。要知道，你是絕對正確的，用友善的微笑去化解這個局面。

給在職媽媽的
一個回家訊息

作為在職媽媽，你或者想停止母乳餵哺，及為寶寶轉用配方奶粉。不過回歸工作後，餵哺母乳仍然是一個選擇。無庸置疑，母乳對寶寶是最好的，但是如果你認為在工作場所餵哺母乳及擠奶並不適合自己，那麼給寶寶一些母乳，總好過完全沒有的好。

真實個案

情節一

作為在職媽媽擔任行政人員的角色，每次在工作間抽時間去擠奶是極大的挑戰。 在回歸工作的首3個星期，我開始在上午11點半及下午4點擠奶，但後來工作瘋狂地忙碌，如果幸運的話，我每天只能在下午3點擠奶1次。工作時，要在會議安排期間抽時間去擠奶是十分困難的。很多時我都會因乳房脹滿而感到充血及疼痛。我應該如何說服上司及其他同事，我需要去泵奶而不能參與會議或電話會議？

答案：

與上司及同事溝通是最重要的。你需要向他們解釋你是一個樂意合作的員工，熱愛工作，但同時亦是一位母親，需要他們的支持。告訴他們，他們家中的女性在某個時間亦需要同樣的支援，但不會是很長的時間。

此外，在會議期間小休或重新安排會議，並不會對工作造成太大影響。儘管你跳過會議，之後亦會很快跟得上。你的協商談判，可宣揚在職場母乳餵哺的文化，為同樣處境的同事帶來正面影響。讓每個人都記住孩子就是我們的未來，要發揮自己所用，為他們提供最佳的起步。我們都為家庭而工作，所以工作與家庭生活之間必須作出平衡，以達致家庭和企業的健康成長。

真實個案

情節二

我很難在工作間找出時間每天泵奶兩次，同時我亦很難找到合適的地方去擠奶，辦公室內有專為母乳餵哺媽媽而設的護理室，但在泵奶的繁忙時間上午 10 點半至 11 點半，不時需要排隊。我感覺很差勁，因為在中午必須離開 40 分鐘去泵奶，同事大抵在我背後投訴，如何令泵奶更有效率呢？

答案：

如果想泵奶更有效率，你應該在清晨，乳房奶水比較多的時間去擠奶，亦可以使用電動泵奶器去加速整個過程。在工作間，也可以使用桌面毯子作遮蔽去擠奶。如果你在工作枱擠奶感到不自在，還是明智地改變擠奶安排，逐步改變你的擠奶時間表，可以給身體發出訊號去製造母乳。最好由晚間開始改變擠奶安排，那麼你就可以避免在工作間排隊擠奶。

情節三

在公眾場所餵哺母乳，我感到不自在。而且亦沒有專為餵哺母乳的護理室。我的寶寶討厭哺乳毯子，因為在毯子下，他會感到很熱。我很沮喪，請幫幫我。

答案：

你可以擠奶後把母乳放在設有冰袋的冷藏箱中，在公眾地方有需要時，就可以用它來餵哺寶寶。

總結

* 很多決定母乳餵哺的女士,都關心當她們回歸工作後,如何繼續餵哺母乳。回歸工作與母乳餵哺並不是不能共存,為了哺育寶寶而在辦公時間內擠奶,亦是一個美麗的選擇。

* 在產假完結後,回歸過渡工作的期間,你需要設定計劃。

* 當上班後,與你的僱主傾談母乳餵哺的要求。

* 一旦你練習後,在公眾場所進行母乳餵哺是一件容易的事。

* 如果你有合適的設備,及支持你的僱主,在工作期間泵奶,並不是一件困難的事。

* 在公眾場所泵奶或餵哺母乳,只需哺乳毯子及合適的衣服,便可以容易處理。

貼心母語

💜 母乳餵哺是一個具挑戰性，但有很大的回報價值。給予寶寶額外的關注及大量的肌膚接觸，對他們的健康非常重要。只要耐性及堅持，媽媽應可以建立一個良好的母乳餵哺程序。

💜 記住「乳房是最好的」，所有媽媽都應該嘗試。母乳是人生首六個月唯一需求的食物。

💜 如果因為某些原因，媽媽不能母乳餵哺寶寶，請不要怪責自己或因而消極。最重要是根據寶寶的營養需求來餵哺他（無論是用乳房或瓶子、母乳或配方奶粉）。

💜 無論如何，你都是一個偉大的媽媽，亦是你寶寶的全世界，保持冷靜及繼續母乳餵哺。

💜 大家一定要加油！

想了解更多餵哺母乳育兒的資訊，可關注我的網頁：www.mamacollege.org

參考資料

1.http://americanpregnancy.org/breastfeeding/latch/

2.http://breastfeedingwithgrace.com/resources/how-can-dads-help-support-moms-in-breastfeeding/

3.http://hriainstitute.org/breastfeedingcme/cme-1/section-4/importance-of-skin-to-skin-and-on-demand-feeding

4.http://omahabreastfeeding.com/newsletter-archive/the-role-of-dad-in-breastfeeding/

5.http://theresanoilforthat.blogspot.com/2010/02/mastitis-help.html

6.http://www.breastfeedingplace.com/treating-mastitis-herbs/

7.http://www.breastmilkcounts.com/breastfeeding-101/skin-to-skin/

8.http://www.mobimotherhood.org/lactogenic-foods-and-herbs-mother-natures-milk-boosters.html

9.http://www.momjunction.com/articles/best-foods-to-increse-breast-milk_0076100/#gref

10.http://www.momjunction.com/articles/chamomile-tea-during-breastfeeding_00360983/#gref

11.http://www.mother-2-mother.com/nippleconfusiontruth.htm

12.http://www.mrmeaner.co.uk/baby-wrap-sling-uk-best-baby-sling-wrap-ergo-baby-carrier-breastfeeding-sling-0-3yrs-with-carry-case-hold-your-baby-close-to-your-heart-3cb7vsavy-baby-products.html

13.http://www.nancymohrbacher.com/articles/2012/11/27/how-much-milk-should-you-expect-to-pump.html

14.http://www.sunnybump.com/how-to-stimulate-breast-milk-production-before-birth-and-after-delivery

15.http://www.susunweed.com/Article_Breastfeeding1.htm

16.http://www.theecomum.com/blog/one-word-mastitis

17.http://www.vbgyn.com/mastitis-yeast-infection-of-nipple-and-ducts#.WyqNglUzblU

18.https://balancedbreastfeeding.com/what-is-your-breastfeeding-mindset/

19.https://beekman1802.com/comfrey-poultice/

20.https://bfmedneo.com/resources/education/family-and-friend-support-of-breastfeeding/

21.https://commons.wikimedia.org/wiki/File:Breastfeeding_-_Football_Hold.png

22.https://data.unicef.org/topic/nutrition/infant-and-young-child-feeding/

23.https://femmed.com/prenatal-vitamins-and-breastfeeding/

24.https://health.clevelandclinic.org/best-not-worry-baby-jaundice/

25.https://hellodoktor.com/herbal/black-walnut/

26.https://kellymom.com/ages/newborn/nb-challenges/wean-shield/

27.https://kellymom.com/ages/newborn/when-will-my-milk-come-in/

28.https://kellymom.com/ages/older-infant/biting/#prevent

29.https://kellymom.com/bf/can-i-breastfeed/meds/prescript_galactagogue/

30.https://kellymom.com/bf/concerns/mother/engorgement/

31.https://kellymom.com/bf/concerns/mother/engorgement/#cabbage

32.https://kellymom.com/bf/concerns/mother/nipplebleb/

33.https://kellymom.com/bf/got-milk/supply-worries/letdown/

34.https://kellymom.com/bf/normal/hunger-cues/

35.https://kellymom.com/hot-topics/low-supply/

36.https://kellymom.com/parenting/nighttime/cosleeping/

37.https://kidshealth.org/en/parents/breast-bottle-feeding.html

38.https://nuroobaby.com/skin-to-skin/the-benefits-of-skin-to-skin-contact-between-dad-baby/

39.https://parent.guide/nursing-covers/

40.https://pregnantchicken.com/breast-pump-bag-packing-list/

41.https://thepumpingmommy.com/20-ways-to-increase-breast-milk-supply/

42.https://upload.wikimedia.org/wikipedia/commons/1/15/Breastfeeding_-_Cradle_Hold.png

43.https://wellnessmama.com/2964/mastitis-remedies/

44.https://womensmentalhealth.org/posts/smoking-while-breastfeeding-what-are-the-risks/

45.https://www.15minutes4me.com/depression/postnatal-depression-test-if-you-have-postpartum-depression-symptoms/

46.https://www.aboutkidshealth.ca/Article?contentid=634&language=English

47.https://www.babycenter.com/0_nursing-strike_8490.bc

48.https://www.babycenter.com/400_how-should-i-handle-my-relatives-who-disapprove-of-breastfee_500116_1.bc

49.https://www.babycentre.co.uk/a6420/expressing-breastmilk-at-work

50.https://www.beinghappymom.com/breastfeeding/

51.https://www.bellybelly.com.au/breastfeeding/ways-partners-can-provide-breastfeeding-support/

52.https://www.birthready.com/boosting-your-milk-supply/

53.https://www.breastfeeding-problems.com/babywearer.html

54.https://www.breastfeeding-problems.com/breast-massage.html

55.https://www.fitpregnancy.com/baby/baby-care/kangaroo-care-9-benefits-skin-skin-contact

56.https://www.fxmedicine.com.au/content/lactational-mastitis-evidence-probiotic-therapy

57.https://www.healthline.com/health/breast-infection#symptoms

58.https://www.healthline.com/health/inverted-nipple-treatment

59.https://www.laleche.org.uk/supporting-a-breastfeeding-mother/#Ways

60.https://www.livestrong.com/article/192965-marshmallow-root-breastfeeding/

61.https://www.livestrong.com/article/496122-colostrum-and-the-stages-of-breast-feeding/

62.https://www.mamanatural.com/overactive-letdown/

63.https://www.mayoclinic.org/healthy-lifestyle/infant-and-toddler-health/expert-answers/breastfeeding-strike/faq-20058157

64.https://www.mother.ly/parenting/8-things-to-know-about-breastfeeding-a-tongue-tied-baby

65.https://www.naturalbeginningsonline.com/single-post/2015/11/22/The-411-on-Breastmilk-Storage-How-to-safely-store-breast-milk

66.https://www.ncbi.nlm.nih.gov/pmc/articles/PMC4202229/

67.https://www.ncbi.nlm.nih.gov/pmc/articles/PMC5383635/

68.https://www.oatmama.com/blogs/oat-mama-news-lactation-recipes/92459523-lactation-recipes-korean-seaweed-soup

69.https://www.parentingscience.com/breastfeeding-on-demand.html

70.https://www.parents.com/baby/breastfeeding/tips/7-tips-for-getting-baby-latched-on-to-the-breast/

71.https://www.pinterest.co.uk/pin/641059328183323771/

72.https://www.pregnancybirthbaby.org.au/mastitis

73.https://www.rachelobrienibclc.com/blog/7-tips-for-ending-a-nursing-strike/

74.https://www.romper.com/p/does-using-a-pacifier-decrease-your-milk-supply-a-pediatrician-explains-2915741

75.https://www.sdbfc.com/blog/2016/9/30/nighttime-weaning

76.https://www.sheknows.com/parenting/articles/822139/how-to-heal-from-a-breast-infection-naturally

77.https://www.todaysparent.com/baby/breastfeeding/10-reasons-for-low-milk-supply-when-breastfeeding/

78.https://www.todaysparent.com/baby/breastfeeding/10-tips-for-breastfeeding-in-public/

79.https://www.todaysparent.com/baby/breastfeeding/7-foods-to-boost-your-breastmilk/

80.https://www.todaysparent.com/baby/breastfeeding/breastfeeding-problems-solved/

81.https://www.verywellfamily.com/breastfeeding-with-a-nipple-shield-431561

82.https://www.verywellfamily.com/breast-milk-definition-stages-431549

83.https://www.verywellfamily.com/herbs-to-increase-breast-milk-supply-431855

84.Riordan, J., and Wambach, K. (2014). Breastfeeding and Human Lactation Fourth Edition. Jones and Bartlett Learning.

85.www.grhc.org.au/document.../199-breastfeeding-challenges-mastitis-and-breast-abces.

86.www.searchherbalremedy.com/herbal-remedies-for-breast-infection/

作者
張嘉兒

策劃
謝妙華

編輯
嚴瓊音

插圖
Angel Hung

攝影
譚琇媄 @Alien Creation

攝影編輯
陳鎧妍 @Alien Creation

場地贊助
Friendoor Studio

美術設計
Carol Fung

出版者
萬里機構出版有限公司
香港鰂魚涌英皇道1065號東達中心1305室
電話：2564 7511
傳真：2565 5539
電郵：info@wanlibk.com
網址：http://www.wanlibk.com
　　　http://www.facebook.com/wanlibk

發行者
香港聯合書刊物流有限公司
香港新界大埔汀麗路 36 號
中華商務印刷大廈 3 字樓
電話：2150 2100
傳真：2407 3062
電郵：info@suplogistics.com.hk

承印者
中華商務彩色印刷有限公司
香港新界大埔汀麗路 36 號

出版日期
二零一九年七月第一次印刷

ISBN 978-962-14-7026-3